机载典型电子元器件热带海洋环境腐蚀行为与机理研究

郁大照　王希彬　王琳　胡家林　刘琦　著

北京航空航天大学出版社

内容简介

本书对机载典型电子元器件热带海洋环境腐蚀行为与机理进行了较为系统的研究，主要内容包括概述、机载典型电子元器件故障分析、机载典型电子元器件腐蚀加速试验方法、机载典型电子元器件热带海洋环境对比试验、机载电子元器件腐蚀仿真分析、外部防护产品的防腐效应试验与效果分析及机载电子元器件腐蚀防护策略等内容。

本书结构合理，注重理论联系实际，可以作为航空航天相关专业研究生的辅助教材，也可供从事相关工作的工程技术人员参考。

图书在版编目(CIP)数据

机载典型电子元器件热带海洋环境腐蚀行为与机理研究 / 郁大照等著. -- 北京 ：北京航空航天大学出版社，2023.11

ISBN 978-7-5124-3996-2

Ⅰ. ①机… Ⅱ. ①郁… Ⅲ. ①航空电气设备—电子元器件—海洋环境—腐蚀机理—研究 Ⅳ. ①V242

中国图家版本馆 CIP 数据核字(2023)第 012106 号

机载典型电子元器件热带海洋环境腐蚀行为与机理研究

郁大照　王希彬　王 琳　胡家林　刘 琦　著

策划编辑　董 瑞　　责任编辑　江小珍　刘桂艳　张冀青

*

北京航空航天大学出版社出版发行

北京市海淀区学院路 37 号(邮编 100191)　http://www.buaapress.com.cn

发行部电话:(010)82317024　传真:(010)82328026

读者信箱:goodtextbook@126.com　　邮购电话:(010)82316936

北京富资园科技发展有限公司印装　各地书店经销

*

开本:710×1 000　1/16　印张:9.25　字数:142 千字

2023 年 11 月第 1 版　2023 年 11 月第 1 次印刷

ISBN 978-7-5124-3996-2　定价:59.00 元

前　言

腐蚀是热带海洋环境下影响飞机性能的一个重要因素，对飞机的设计、使用、维护、大修周期、质量改进提出了新的要求。目前，在机载电子元器件的腐蚀失效机理与防护控制方面的研究还处于起步阶段，这导致在外场飞机电子元器件的防护对象、维护周期、腐蚀修理等方面缺少技术指导，在腐蚀控制方面缺少必要的三防漆、缓蚀剂和清洗剂等，极大地影响了飞机的飞行安全。本书对机载典型电子元器件热带海洋环境腐蚀行为与机理进行了较为系统的研究。

本书在阐述热带海洋环境特点的基础上，分析了热带海洋环境对飞机腐蚀的影响，总结了机载电连接器和PCB的故障模式，还对飞机典型失效电连接器的腐蚀形貌，以及电连接器和PCB在热带海洋环境下的敏感因素进行了分析；在CASS谱的基础上提出了加速试验谱，并制定了实验室加速试验流程，为热带海洋环境模拟加速试验提供了方法；针对热带海洋环境，分别对电连接器和PCB在2个实验站开展棚下自然环境试验，以及在实验室模拟热带海洋环境开展加速试验，并对试验样本进行腐蚀外观分析、微观分析和电参数分析，通过对比试验得到电连接器和PCB的腐蚀机理及故障模式；在推导机载电连接器瞬态腐蚀场模型的基础上，提出基于二次电流分析不同因素对腐蚀的影响、基于三次电流分析弱酸性溶液缝隙腐蚀物质浓度变化、基于水平集函数分析弱碱性溶液腐蚀产物沉积分布的方法，并对仿真结果进行分析，以验证腐蚀对电连接器性能退化产生的影响；还介绍了在加速试验和自然环境试验中加入缓蚀剂筛选试验，以PCB和电连接器为例对三类缓蚀剂的防腐蚀效果进行分析；给出了电连接器外场腐蚀检查与处理的工作流程，以及PCB检查和修理建议。

本书探索了制约我国机载电子元器件防腐能力提升的关键技术问题，为飞机电子元器件的腐蚀防护和控制提供了理论支撑，为全面提升飞机热带海洋环境防腐水平提供了参考依据。

本书成书得益于工信部民机专项的资助，以及项目团队成员、已毕业研究生王泗环、王腾、张彤的科研实践成果和经验。本书的出版得到了海军航空大学航空基础学院领导的大力支持和帮助，在此表示真诚的感谢。十分感谢刘琦、许振晓等同志在文字校对方面的辛勤付出；感谢为本书提供各类参考文献的专家与学者。

由于作者水平有限，书中难免有疏漏之处，敬请读者批评指正。

编　者

2023 年 1 月

目　　录

第1章 概 述

1.1 研究背景及意义

随着飞机自动化程度的提高，大量电子、电气敏感器件和自动控制元件应用于飞机各系统。如果其中某一个器件发生故障，将会影响整个系统或几个系统的正常工作；如果是关键器件，甚至会导致飞行安全事故的发生。而对机载电子元器件故障产生影响的一个重要因素就是腐蚀环境。飞机部署区域环境严酷度的提高，更容易导致发生腐蚀、老化等问题，进而直接导致电子元器件的电导、磁导、电感、电容、电子发射和电磁屏蔽等参量的改变，从而引起腐蚀故障。即使很轻微的腐蚀也会导致系统或设备级的间歇性故障或完全失效，有时还会引起二次故障。

南海是我国海洋环境最为恶劣的海域，高温、高湿、高盐雾及强辐射使得此环境下金属腐蚀速率远大于其他海域，若缺乏有效的防护方法，电子设备的使用寿命将大大缩短，装备可靠性也将受到严重影响。同时，沿海飞机的转场、跨海域飞行等训练任务，对于飞机电子设备的防护又提出了更高要求。有数据显示，机载电子设备发生故障52%与环境因素有关，而多数设备在南海环境的使用故障率远远大于内地，这就对海洋环境下电子设备腐蚀防护提出了更高的要求。电连接器作为大量使用且多裸露在外的电子设备，在雨水、潮气、盐雾的长时间侵蚀下，极易出现腐蚀现象，这已成为其主要的失效机理之一。

腐蚀是热带海洋环境下影响飞机性能的一个重要因素，对飞机的设计、使用、维护、大修周期、质量改进提出了新的要求。目前，研究人员已经在飞机结构腐蚀方面开展了大量研究工作，取得了阶段性成果，而在机载电子元器件的腐蚀失效机理与防护控制方面的研究还处于起步阶段，这导致在外场飞机电子元器件的防护对象、维护周期、腐蚀修理等方面缺少技术指导，在腐蚀控制方面缺少必要的三防漆、缓蚀剂和清洗剂等，极大地影响了部队训练和飞行安全。

针对以上问题，以热带海洋环境下飞机环境适应性为牵引，在飞机电子元器件热带海洋环境腐蚀防护现状分析和故障特点研究的基础上，通过开展对热带海洋环境下典型电子元器件加速腐蚀试验方法、腐蚀故障机理、性能退化规律、外部防护产品的防腐效应等的研究，给出兼具针对性和可操作性的电子元器件腐蚀防护策略。解决热带海洋环境下飞机电子元器件的腐蚀防护与控制难题的最终目的，是提升飞机的质量和安全水平。

因此，开展典型电子元器件在热带海洋环境下的腐蚀机理分析及防护研究，对于以电连接器、印制电路板(PCB)为代表的电子元器件的性能改进、环境防护、可靠性保证有重要意义，对热带海洋环境下飞机的安全使用有一定的实际应用价值。本书即针对这一现实问题，以飞机典型电连接器、PCB等电子元器件为研究对象，通过试验与仿真双重手段，以期揭示典型电子元器件的腐蚀机理，并提出相应的防护措施。

1.2 国内外现状

1.2.1 腐蚀理论研究现状

由于大气腐蚀是金属腐蚀最为普遍的形式，因而研究腐蚀最早就是从研究大气腐蚀开始的。早在20世纪60年代，Tomashov即已根据液膜厚度对大气腐蚀速率的影响将大气腐蚀分为干大气腐蚀、潮大气腐蚀和湿大气腐蚀。如图1-1所示，随着湿度的增加，液膜厚度分别对应Ⅰ、Ⅱ、Ⅲ、Ⅳ区。在Tomashov理论模型中，干大气腐蚀发生于液膜厚度低于10 nm的情况下，此时金属表面难以形成连续的液膜结构，腐蚀产物物质迁移受到极大阻碍，腐蚀速率处于很小的范围，而往往以金属氧化产物的形式存在；当液膜厚度增大到1 μm以下时，物质迁移阻碍减小，而氧扩散速率基本未受到影响，此时发生潮大气腐蚀，腐蚀速率随液膜厚度的增加而增大；当液膜厚度继续增大到1 μm～1 mm时，氧扩散速率随液膜厚度的增加而减小到一定值，此时发生湿大气腐蚀，腐蚀受阴极极化控制；当液膜厚度增加到1 mm以上时，与本体溶液中的腐蚀已无差异，腐蚀速率维持不变。

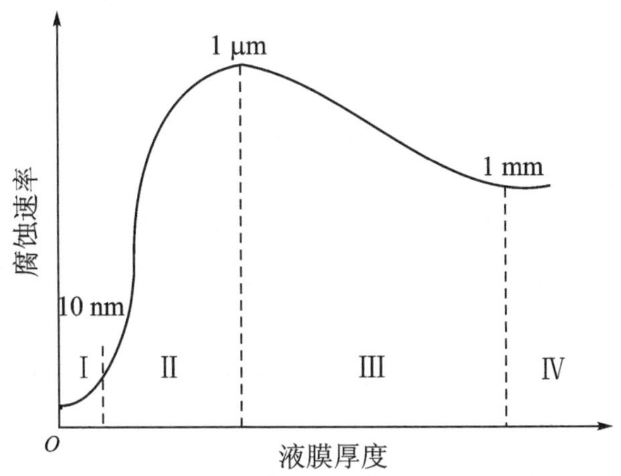

图1-1 腐蚀速率与液膜厚度的关系

国内也有对这一大气腐蚀规律的验证研究。程英亮通过对NaCl薄液膜及本体溶液下LY12铝合金的电化学阻抗谱的分析，进一步证明了薄液膜腐蚀与溶液腐蚀的区别：薄液膜加速阴极过程，但当液膜厚度低于一定程度时，金属离子的水化和腐蚀产物的扩散就变得困难，而溶解的O_2也不能够满足阴极还原的需求，因此阴阳极反应过程均受到阻碍作用，腐蚀速率降低；当液膜厚度高于一定值时，O_2的溶解又受到阻碍，此时腐蚀速率基本不随液膜厚度的改变而改变。他从反应控制角度解释腐蚀现象，认为液膜厚度为170～200 μm时，腐蚀速率大于本体溶液是反应由阳极控制向阴极控制转变的阶段，此阶段对应Tomashov腐蚀模型中的湿大气腐蚀阶段。Tomashov仅是给出大致的腐蚀规律，而具体金属腐蚀液膜厚度节点将有较大差异。王佳对液膜形成过程及不同液膜下的电化学行为进行了系统性研究，巧妙地提出了三相线界面这一概念以用于研究腐蚀速率，并在试验中提出多个有关液膜电化学测量的首创技术。

金属腐蚀动力学、热力学理论已基本成熟，表征电流与电位之间关系的Bulter-Volmer公式已成为定量研究腐蚀过程的基本动力学方程，揭示多种腐蚀形式的腐蚀机理。金属腐蚀大体可分为均匀腐蚀和局部腐蚀，相比均匀腐蚀，局部腐蚀更为广泛且难以避免，往往在前期形成且不易被发现，而后期腐蚀速率又急剧增大，更加影响设备的可靠性，如大阴极小阳极组成的电偶腐蚀结构会使得腐蚀倾向增大，进而增大阳极腐蚀速率；缝隙腐蚀在腐蚀过程中逐渐形成闭塞腐蚀电池，由于内部离子浓度分布的不同，导致自催化效应，溶液 pH 值下降，钝化膜被破坏，腐蚀速率迅速增大。

1.2.2 腐蚀仿真与预测研究现状

腐蚀仿真作为一种数值化计算手段，在腐蚀研究尤其是腐蚀预测方面得到了大量应用。研究学者针对腐蚀建立了多种预测模型。陈跃良等基于 BP 人工神经网络（Artificial Neural Net，ANN）对飞机结构腐蚀损伤进行定量预测，结果表明 ANN 比其他预测模型的预测精度高，尤其是对复杂系统产生的数据有较好的处理效果。王安东等将灰色马尔科夫模型应用于腐蚀预测中，并通过试验验证模型预测结果的准确性；王如均还将此方法应用于埋地油气管道的腐蚀预测。李响等基于遗传算法，以支持向量机（SVM）为训练样本，建立了海洋环境海底管道腐蚀速率预测模型，预测精度高于人工神经网络，且其可行性已经过试验数据验证。董超通过改进 CPSO－LSSVM 模型，提高了预测精度。

随着计算机技术的发展，目前更为普遍的是基于电化学原理建立的腐蚀预测模型，该模型可完整跟踪腐蚀发生过程，精准求出电位、电流、腐蚀速率等具体参数，模型的准确性依赖于各类边界条件的设定，因此可通过改变边界条件研究不同环境下的腐蚀状况。由于电偶腐蚀边界条件较为简单，模型易于收敛，故其腐蚀仿真研究也最为丰富。王晨光选用 7B04－T73 铝合金为研究对象，研究液膜及溶液下的电化学行为，预测铝合金电偶腐蚀及缝隙腐蚀，并进行试验验证，结果基本符合。陈跃良等仿真 CF8611/AC531 复合材料与 7B04－T74 铝合金间的电偶腐蚀，结果显示阴极反应速率与碳纤维裸露面积相关，并建立相应的关系式。王安东等采用边界元法研究 ZL115－T5 铸铝合金与 C41500 海军黄铜间的电偶腐蚀。陈跃良等研究 2A12 铝合金与 TA15 钛合金间的电偶腐蚀，试验测试电偶电流与仿真结果相吻合，并给出不同浓度的 NaCl 溶液与水介质的折算系数。缝隙腐蚀由于涉及溶液中离子平衡反应的影响，相关公开文献较少。樊玉光等考虑电中性、电化学反应与水解反应，瞬态仿真不锈钢的缝隙腐蚀行为。郁大照等基于平衡方程建立缝隙腐蚀模型，仿真出溶液中阳离子的存在形式及浓度分布。

腐蚀预测尤其在船舶、海洋工程、石油、油气运输等行业得到广泛应用。刘昕瑜和韩宁对油气输送管道进行了腐蚀评估研究；兰志刚采用边界元法数值模拟了海洋石油平台阴极保护问题；崔铭伟对含 CO_2 油气管道进行了仿真研究。

1.2.3 腐蚀试验研究现状

腐蚀试验既有对单一材料的腐蚀机理的理论研究，又有对结构部件的环境失效研究。刘艳洁等对铝合金和不锈钢在薄液膜下的电偶腐蚀进行了研究，结果表明铝合金在电偶作用下腐蚀速率急剧增大，而在腐蚀过程中由于受到氧化膜和腐蚀产物的影响，使得腐蚀进程受到影响，点蚀在横向发展中的扩展速度大于纵向发展。陈跃良等通过测定不同酸性条件下2024－T3铝合金的电化学行为，发现盐酸对腐蚀的作用最强；对 Cl^- 与 H^+ 对铝合金的协同效果进行研究，发现 H^+ 浓度不同时，主导钝化膜破坏的形式亦不相同。

Narayanan 等研究了在25～185 ℃的温度范围内镀锡铜合金微动腐蚀行为，测定各种温度下微动循环的接触电阻的变化；采用激光扫描显微镜、X射线衍射(XRD)、扫描电子显微镜(SEM)和X射线光谱(EDX)分析测试，评估界面上的表面轮廓、相含量、形态和组成变化。研究表明温度对镀锡铜合金触头的微动腐蚀有较大影响，85 ℃下锡的软化是低电阻区域扩大的主要原因；Cu－Sn 金属间化合物厚度和电阻的增大是金属表面粗糙度降低和在较高温度下接触电阻急剧增大的主要原因；在微动腐蚀试验中，随着温度的升高，一旦顶部表面层磨损，接触表面就会从锡与锡的接触转化为锡金属间化合物与锡金属间化合物的接触。Nguyen 研究了AZ31镁合金表面电沉积铜层的腐蚀防护，结果表明单层铜层电沉积会导致表面出现结节状结构和裂缝，发生快速的电偶腐蚀，而在铜沉积层上再电沉积银层则会减少瑕疵数量，改善耐腐蚀性，揭示了三层涂层 Cu/Ag/Cu 对AZ31镁合金具有有效的腐蚀防护作用。Dai 等在直流电场下模拟溶液对钢初始腐蚀的影响，使用重量损失、极化曲线、XRD 和 SEM 等技术研究发现腐蚀产物的主要成分是 α－FeOOH 和 γ－FeOOH，而随着自流电场强度增大，钢的腐蚀速率也增大，这是由于直流电场抑制了 α－FeOOH 和 γ－FeOOH 的转化。

沿海环境使用还会受到盐雾的影响，因而有研究者对电连接器开展盐雾试验，尤其以酸性盐雾试验居多。朱蒙等研究了在酸性盐雾环境下铜基镀镍连接器接触件的腐蚀行为，根据插针表面腐蚀形貌和成分、中间镍合金层及基底铜合金层在腐蚀过程中的反应情况，将从腐蚀开始到腐蚀坑形成的过程分为四个阶段，并分析腐蚀对电接触性能的影响。李明等设计试验研究硫酸与盐酸作用下的典型航空装备用材料腐蚀机理，结果表明盐酸对腐蚀的促进作用远大于硫酸，且与外场实际使用失效机理一致性更好。朱蒙等对在两种酸性盐雾和热带海洋大气环境下的微动开关进行了分析，发现含硫环境对微动开关内部银质触点的影响最为严重，而腐蚀产物硫化银导电性极差是微动开关接触电阻升高的主要原因。

1.2.4　腐蚀防护研究现状

腐蚀现象是客观存在且无法避免的，每年由于腐蚀导致的经济损失十分巨大。国际货币基金组织的统计显示，全球由于腐蚀造成的经济损失约占总 GDP 的 2%。据粗略统计，美军每年用于装备腐蚀预防与修复的费用已达 90 亿～120 亿美元。可见若是能提早增强腐蚀预防意识，采取措施降低腐蚀，将产生巨大的经济效益，避免腐蚀造成的安全事故的发生。曹楚南、侯保荣等院士不断致力于提高国内的腐蚀防护意识，主持开展国家重大腐蚀项目的研究，对国民经济发展有重要的促进作用。

缓蚀剂作为腐蚀防护的一种重要手段，越来越受到广大研究者的重视，他们对酸化缓蚀剂、高温缓蚀剂、氨基酸类缓蚀剂都进行了广泛研究，对气相缓蚀剂一类的特殊缓蚀剂也有一定研究。除此以外，他们也对超疏水表面技术在腐蚀防护领域的应用进行了广泛研究。吕大梅研究了铝基超疏水表面的制备；帅韬则对其腐蚀防护性能的影响因素进行了研究；李天平系统地研究了氧化锌、氢氧化锌、氢氧化铜等多种材料超疏水表面的制备及防护性能；钱鸿昌等介绍了超疏水表面的制备方法。

国内外学者对于一些涂层材料的防腐蚀性能也进行了研究。杨小奎等通过测量 Na_2SO_4 溶液下的电化学阻抗谱，研究环氧富锌涂层对 AZ91D

镁合金的腐蚀防护效果,发现长时间浸泡后其仍具有很高的阻抗膜值,表面具有良好的防护效果。Harleen 等在海水和酸雨三维模拟水环境中研究二元交联聚合物(苯乙烯-二元烯基)对低碳钢的腐蚀防护效果,通过测量阻抗谱发现在 3.5%的 NaCl 溶液中加入 1%的二元交联聚合物样本时溶液的耐腐蚀性能最好。Mingliang 等通过测量阻抗谱发现聚天冬氨酸衍生物(DOPA)可以显著提高水性环氧涂料的耐腐蚀性,分析腐蚀产物发现形成的不溶性 DOPA - Fe 作为钝化层阻碍了腐蚀的进行。Alibakhshi 等对硅酸四乙酯和三甲基氧基硅烷混合水解形成的环保型硅烷涂料进行耐腐蚀性分析,通过傅里叶红外变换和热重分析发现 50%硅烷的混合物水解 24 小时形成的涂料耐腐蚀性最好。Yang 等研究了镁基环氧树脂包覆缓蚀剂的防腐蚀性能,将 3 -甲基水杨酸酯浸渍到阳极氧化层中,再用环氧树脂密封浸涂,测量显示其具有良好的耐腐蚀性。

综合国内外研究现状可看出,对于各种常用单一基体材料的研究十分充分,如碳钢、铝合金、镁合金等,但对于电子元器件的腐蚀研究却较为欠缺,且多为环境试验评定失效结果,忽略中间性能变化,也缺乏缓蚀剂对电子设备作用效能的评估,因而综合开展试验与仿真计算,全面研究电连接器和 PCB 等电子元器件的腐蚀机理和防护很有必要。

1.3　本书的主要内容

本书针对热带海洋环境飞机上常用电连接器、PCB 等电子元器件,从故障模式和机理研究出发,开展自然环境试验、实验室加速试验及计算机仿真分析,采用实测极化曲线数据仿真不同因素下的微观腐蚀情况,并对目前常用的三种缓蚀剂开展筛选试验,采用系统化思想、方法,研究典型电子元器件的腐蚀机理,评定缓蚀剂的作用效能,并提出相应的腐蚀防护措施。

本书的章节安排如下:

第 1 章概述了研究背景和意义,总结了机载典型电子元器件热带海洋环境腐蚀行为与机理研究的国内外现状,点明了本书所讲的主要研究内容。

第 2 章针对热带海洋环境的特点，分析了热带海洋环境对飞机腐蚀的影响；归纳总结了电连接器、PCB 等电子元器件的故障模式和机理；对典型失效电连接器进行了腐蚀形貌的宏观和微观分析，并在此基础上分析了电连接器的腐蚀机理。

第 3 章对机载电连接器和 PCB 在热带海洋环境下的敏感环境因素进行了分析，以美军涂层加速试验环境谱及试验程序（简称 CASS）为基础，考虑外场维护因素提出加速试验谱，制定实验室加速试验的流程，为西沙和万宁环境模拟加速试验提供了方法依据。

第 4 章介绍了针对热带海洋环境分别对电连接器和 PCB 在西沙和万宁实验站开展棚下自然环境试验，同时在实验室模拟西沙和万宁环境开展加速试验，对试验样本进行腐蚀外观分析、微观分析和电参数分析，并通过对比试验得到电连接器和 PCB 的腐蚀机理及故障模式。此外，在试验中还加入了缓蚀剂的对比试验，分析验证了三类缓蚀剂的防腐效果。

第 5 章在推导机载电连接器瞬态腐蚀场模型基础上，提出基于二次电流法研究几何尺寸、溶液条件和环境条件等不同因素对腐蚀的影响，基于三次电流法研究弱酸性溶液缝隙腐蚀物质的浓度变化，基于水平集函数研究弱碱性溶液腐蚀产物沉积分布，并对仿真结果进行分析，验证腐蚀对电连接器性能退化产生的影响。

第 6 章阐述了缓蚀剂的分类及作用原理，在加速试验和自然环境试验中加入了缓蚀剂的筛选试验，根据试验结果对 PCB 和电连接器的防腐蚀效果进行了分析，对比了三类缓蚀剂的效果。

第 7 章将机载电子元器件工作环境分为封闭、半封闭和外露三类，提出电连接器外场腐蚀检查与处理的工作流程，给出了 PCB 检查和修理建议。

图 1－2 所示为本书涉及的主要研究的框架图。

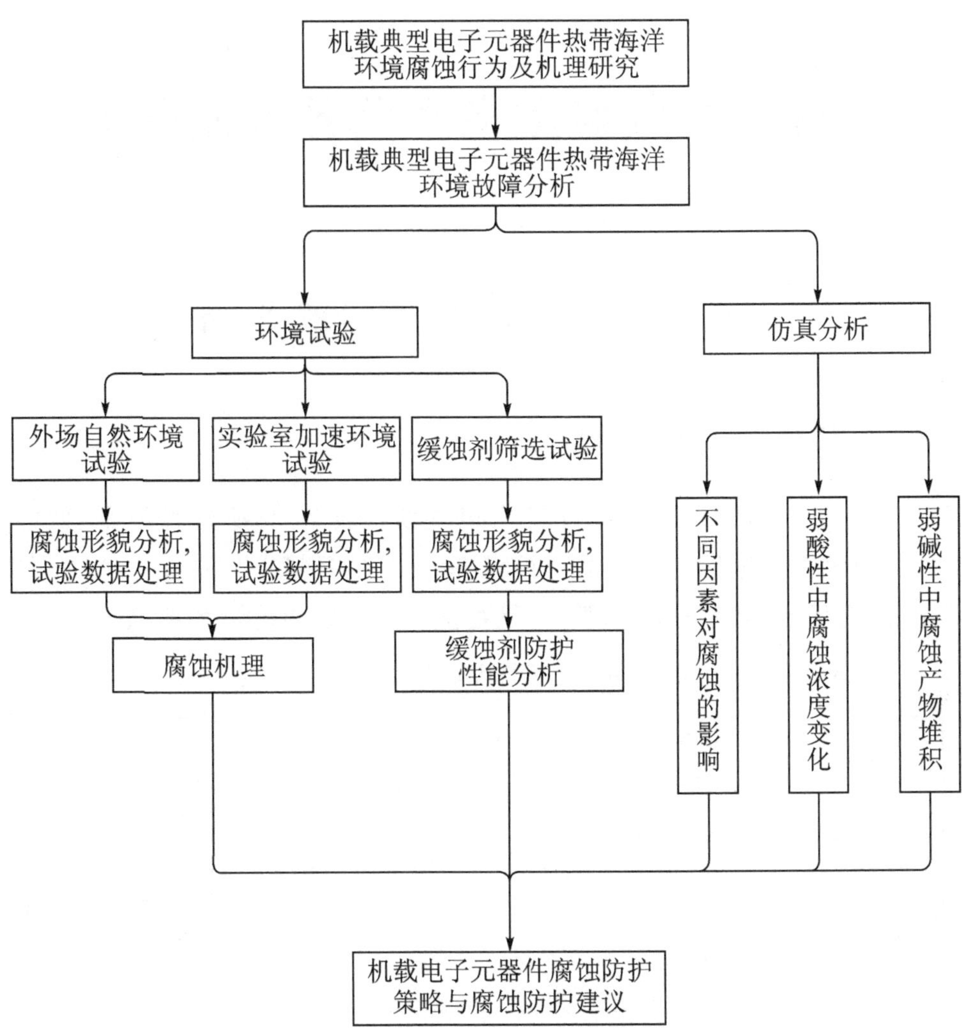

图 1－2　本书涉及的主要研究的框架图

第 2 章　机载典型电子元器件故障分析

2.1　热带海洋环境情况分析

2.1.1　热带海洋环境的特点

南海属于赤道带、热带海洋性季风气候。表 2－1 所列是海南、西沙、南沙等典型南海地区与大陆沿海地区 2018 年的环境条件对比。从中可以看出，南海地区，特别是南沙群岛，是我国大气腐蚀情况最为严酷的地区。

表 2－1　典型南海地区与大陆沿海地区环境条件对比

地　点	年均气温/℃	年均相对湿度/%	盐雾含量/（mg・m^{-2}・d^{-1}）	年总辐射/（MJ・m^{-2}）
青岛	13.3	70	30	4 760
厦门	21.4	74	2.6	4 180
海南万宁（离海 100 m）	24.6	85	325	4 890
西沙	27.5	79	84	6 720
南沙	28.5	79	≥160	6 925

课题组调取了位于万宁、西沙、南沙的试验站近年来的大气环境数据，并对与腐蚀有关的数据进行了分析。

表 2－2 所列为西沙、南沙及其临近海区近年来的平均气温数据，月平均最高气温在 26 ℃以上，南沙月平均最高气温最高，万宁次之。从表 2－3 可以看出，三个地点的月平均相对湿度均在 75%以上，说明终年高温、湿度大是热带海洋环境的一个特点。

表 2-2　西沙、南沙及其临近海区气温数据

地　点	月平均最低温度范围/℃	月平均气温范围/℃	月平均最高气温/℃
万宁	11.3～24.0	18.2～28.8	26.3
西沙	22.6～28.0	23.8～29.7	26.0
南沙	24.6～27.3	26.0～29.3	26.7

表 2-3　西沙、南沙及其临近海区相对湿度数据

地　点	月最小相对湿度范围/%	月平均相对湿度范围/%
万宁	52～67	81～87
西沙	47～64	76～84
南沙	56～72	75～81

表 2-4 所列为西沙、南沙及其临近海区降雨量和日照时间数据，表明三个地区的雨量充沛、日照时间长、辐射强烈。表 2-5 表明，三个地区的大气污染少，但盐度（氯离子 Cl^- 含量）大。

表 2-4　西沙、南沙及其临近海区降雨量和日照时间数据

地　点	湿润时间/$(h \cdot a^{-1})$	降雨量/$(mm \cdot a^{-1})$	日照时间/$(h \cdot a^{-1})$	雨水 pH 值
万宁	6 736	1 563	2 043	5.0
西沙	5 600	1 526	2 675	6.5
南沙	6 136	2 814	2 697	6.5

表 2-5　西沙、南沙及其临近海区 Cl^- 离子和 SO_2 含量数据

地　点	盐　分	大气污染物
	Cl^- 沉积率/$[mg \cdot (100\ cm^2 \cdot d)^{-1}]$	SO_2 沉积率/$[mg \cdot (100\ cm^2 \cdot d)^{-1}]$
万宁	0.387	0.060
西沙	1.123	<0.001
南沙	1.788	<0.001

根据国际标准 ISO 9223～9226，以及表 2-4 和表 2-5 提供的环境污染和润湿时间，可以判定三个地区的大气腐蚀等级为 C4 或 C5 级。在此严酷环境下，金属材料及其合金的腐蚀速率明显高于其他地区。图 2-1 所示为 Q235 钢在不同地区的腐蚀速率对比，从中可以看出在西沙及万宁沿海区，环境对腐蚀的影响较大。图 2-2 为不同金属材料在西沙腐蚀 12 个月的速率对比，从中可以看出多数金属在西沙环境下腐蚀一年后，腐蚀速率会快速增加。

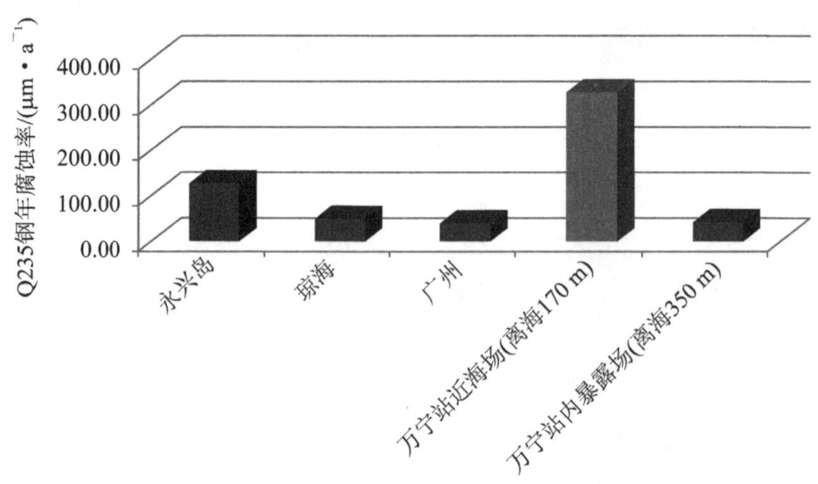

图 2-1　Q235 钢在不同地区的腐蚀速率对比

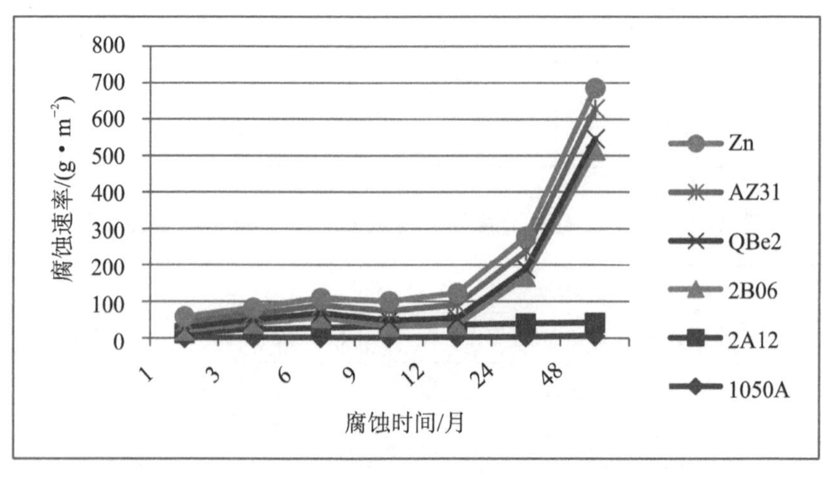

图 2-2　在西沙大气环境下有色金属及合金腐蚀数据

2.1.2　热带海洋环境对飞机腐蚀的影响

热带海洋环境会加速湿气向飞机内部，特别是机舱内部密封结构的设备内部扩散，满足在飞机结构及其部件表面形成液膜的条件，导致金属材料发生腐蚀。下面以西沙为例，分析大气环境对腐蚀的影响。

图 2-3～图 2-5 所示为西沙大气环境相对湿度数据，从中可看出湿度相对稳定。对于大多数金属，形成液膜的临界相对湿度条件为 76%左右。从图中可看出平均相对湿度与最大相对湿度均满足形成液膜的湿度条件，尤其是最大相对湿度均在 85%以上，极易形成液膜。最小相对湿度在 76%以下，在此条件下不能够形成液膜，易导致已有液膜挥发。因此在西沙大气环境下，常常是干湿交替腐蚀环境，由文献可知，三相线界面对腐蚀速率的影响最大，干湿交替的环境使得三相线界面区面积增大，持续时间久，因此对腐蚀的发生有极大促进作用。

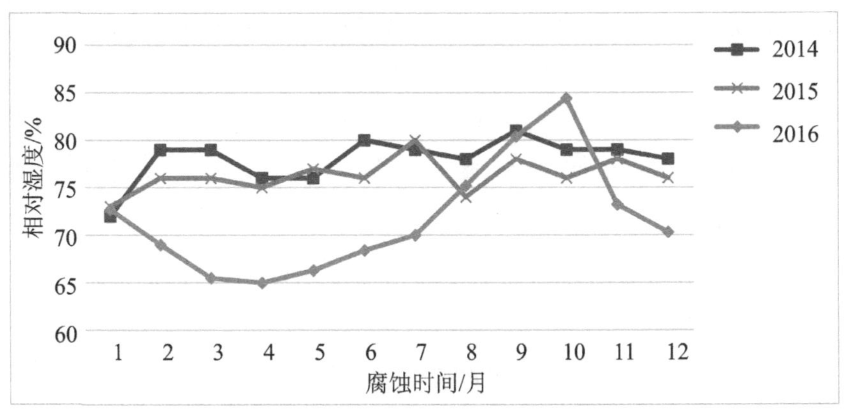

图 2-3　西沙大气环境月平均相对湿度

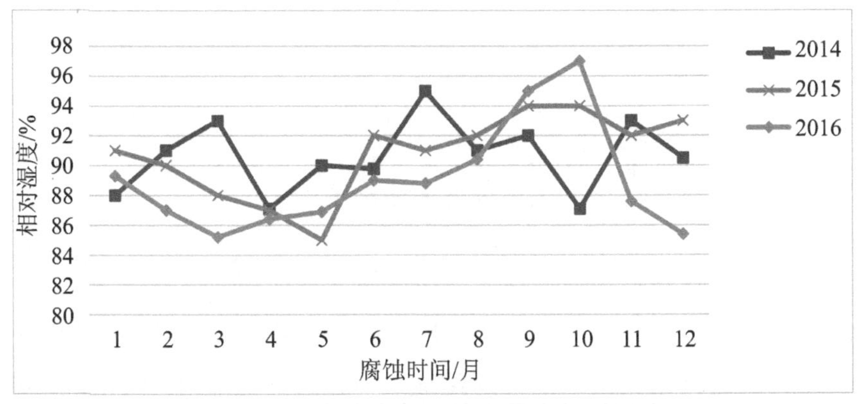

图 2-4　南沙大气环境月最大相对湿度

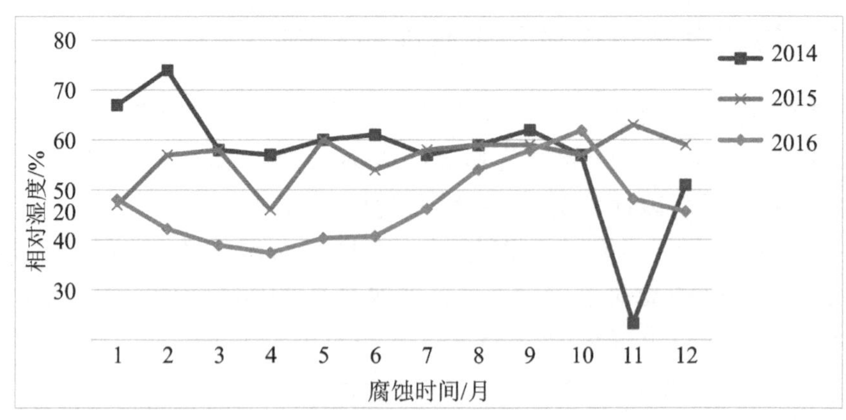

图 2-5　西沙大气环境月最小相对湿度

图 2-6～图 2-8 所示为西沙大气环境温度相关数据。从图中可看出平均温度相对稳定在 27.5 ℃左右，对比湿度，温度变化相对较大，在 5—7 月平均温度高达 30 ℃以上，远大于其余月份，因而不同月份的腐蚀速率将有所不同。热带海洋气候大气环境多表现为湿热同步，统计数据显示其湿热($T>25$ ℃，RH>80%)与暖湿(10 ℃$<T<$25 ℃，RH>80%)气候总时间占据全年的 67%，可见在材料防护体系有缺陷时，腐蚀形势将十分严峻。

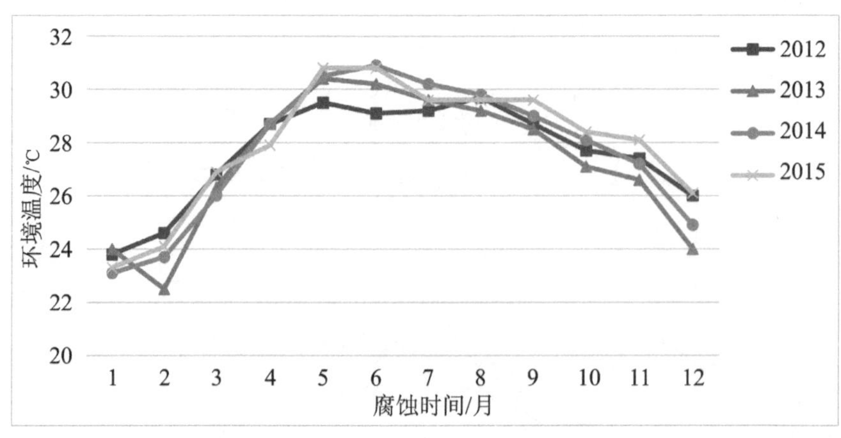

图 2-6　西沙大气环境月平均温度

热带海洋“三高”环境的另一个特点是高盐雾，海上盐雾是指由于风浪打水形成的由氯化物和微小液滴所组成的气溶胶。经测量，西沙近 5 年 Cl^-

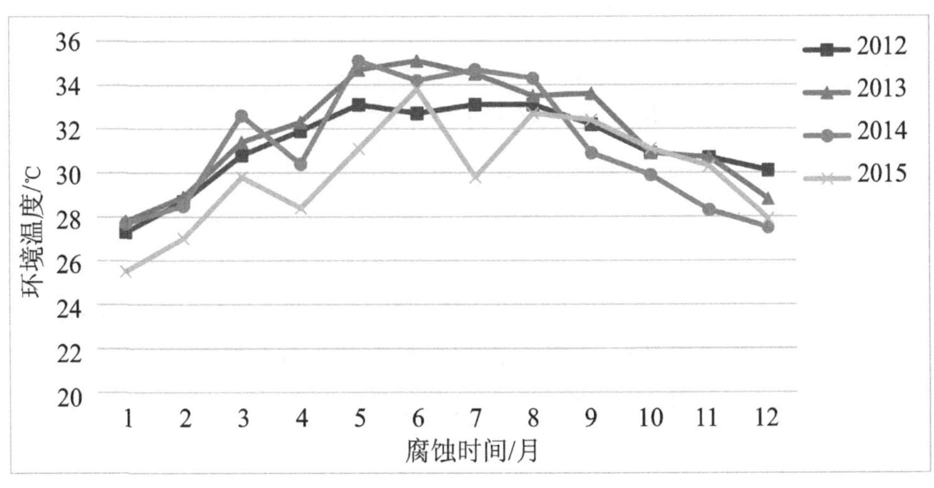

图 2-7 西沙大气环境月最高温度

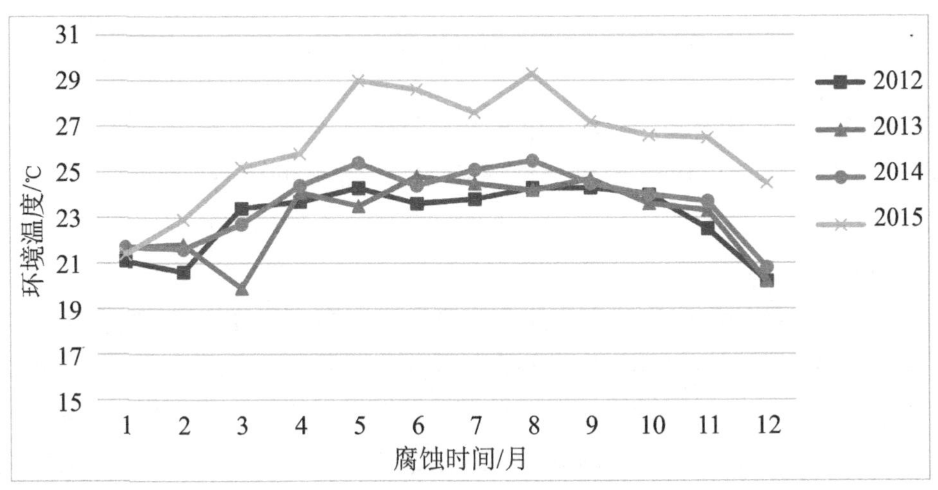

图 2-8 西沙大气环境月最低温度

沉积量的平均值为 112.3 mg/(m² · d)，远远大于万宁 38.7 mg/(m² · d)的水平，可见热带海洋环境的盐雾作用远大于近海岸，更是内地没有的严酷腐蚀条件，对腐蚀有极大的促进作用。Cl^- 的存在将破坏金属表面钝化膜，使得金属孔蚀电位降低，Cl^- 浓度的增大也会使缝隙腐蚀倾向增大，因而在 Cl^- 与热带海洋高温、高湿条件的共同作用下，飞机将发生更为严重的局部腐蚀现象，若清洗不及时，Cl^- 的不断沉积将进一步加速腐蚀。

上述西沙大气环境数据来源于其气象台和环境实验站，实际上岛上机场离海岸线更近，服役环境更为恶劣。相比于海南岛上的机场，西沙某机场的环境更加严酷，相对湿度更大（海南岛上机场的相对湿度也大，但只有夏季与岛上机场类似，其他季节略好），平均气温也更高，最为关键的是，盐雾的沉降量显著增大。海南岛上的机场离海岸尚有几千米至几十千米不等的距离，盐雾沉降量较小，影响装备的最主要停放环境是湿热。而在西沙某岛上，湿热环境更加严酷的同时，盐雾环境急剧增强，这是加速腐蚀的最主要因素。另外，需要关注的是，随着装备使用频率的显著提高，装备受到机场车辆、航空器排放物的影响也越来越显著，高湿环境中，装备表面的微液膜容易吸收排放物造成酸性环境，从而加速腐蚀。

2.2 电子元器件的故障模式和机理

2.2.1 电连接器的故障模式和机理

电连接器的基本组成部分有五个：接触件、绝缘体、壳体、锁紧键及连接环、尾部附件。以内外场数据为基础，总结常见的电连接器失效模式和机理分析如下：

(1) 断　路

导致断路的原因很多，例如：设计选材不合理或热处理工艺差、插孔材料硬脆造成插孔簧片断裂、插孔材料太软造成插孔松弛；胶结工艺质量差，造成插孔与针插合间粘有多余的胶液；装配工艺质量差，二次锁紧装置装配不到位；连接器组件生产过程中，导线剥线线芯断裂或受机械损伤而使芯线断裂，压接孔与导线线径不匹配、压接钳使用不当造成虚压；等等。这些都会造成作为连接器组件的核心零件接触件的接触部位断路失效。

(2) 接触不良

造成连接器接触不良的因素很多，接触件结构设计不合理，材料选用错误，机械加工尺寸超差、表面粗糙、热处理，胶接及表面处理等工艺不合理，储存使用环境恶劣和操作使用不当，都会在接触件的接触部位和端接部位造成接触不良。

(3) 瞬间断电

连接器组件端子（接触件）接触电阻的大小主要与接触压力有关。当接触压力保持不变或其变化几乎可忽略时，所对应的是静态接触电阻。而当连接器在振动、冲击、碰撞等动态使用环境下时，其接触电阻会随接触压力的量值、方向及时间的变化而变化，称之为动态接触电阻。由于这种变化是受外界动态环境影响在极短的时间内发生的，插合的一对接触件有可能因受挤压而导致接触电阻减小，也可能因受牵引而导致接触电阻增大，甚至造成瞬间断电。这种瞬间断电现象只要维持几微秒就足以导致系统死机。

(4) 绝缘不良

通过对某一点施加高电压，测量与非导通点之间的漏电流来判定绝缘电阻是否合格。漏电流大于设定值为不合格，小于或等于设定值为合格。

绝缘电阻主要受绝缘体材料、温度、湿度、污损、试验电压及连续施加测试电压的持续时间等因素影响。绝缘体表面或内部存在金属多余物、表面尘埃、焊剂等，或污染受潮，有机材料析出物及有害气体吸附膜与表面水膜溶合形成离子性导电通道，吸潮、长霉、绝缘材料老化等原因，都会造成短路、漏电、击穿、绝缘电阻低等绝缘不良现象。

(5) 短路(击穿)

短路是指连接器组件中不该导通的回路被导通的失效故障，是危及安全使用性能的致命缺陷。绝缘材料质量低劣及湿热、盐雾、灰尘等恶劣环境条件，装配中的错误配线，压接质量差等都是造成短路故障的直接原因。

(6) 密封不良

由于壳体互换性差、绝缘注塑质量差、接触件插配不良等，造成绝缘体与接触件界面处应力集中，存在微裂纹、气泡等缺陷，都会引起密封不良失效。

2.2.2　PCB 的故障模式和机理

印制电路是在绝缘基板上有选择性地加工孔和布设金属电路图形，能够安装、固定和连接电子元器件电信号的组装板，一般称为“印制电路板”或“印制线路板”(Printed Circuit Board，PCB)。PCB 主要是由绝缘基材、金属布线和连接不同层的导线、焊接元器件的“焊盘”组成。它的主要作用是提供承载电子元器件的载体，并起到电气和机械连接的作用。

以内外场数据为基础，总结 PCB 的主要失效模式如下：

(1) 焊接不良

一般说来，焊接不良主要与 PCB 焊盘的表面处理质量不佳或焊盘表面状态不良(如氧化污染等)有关。

(2) 开路和短路(漏电)不良

开路往往出现在导线或金属化孔上，与 PCB 加工工艺及材料本身的性能密不可分；短路或漏电一般是由于导体间绝缘间距减小或因腐蚀导致电化学迁移等造成的。

(3) 气泡、爆板、分层

板面分层起泡一般与板材压合工艺及 CCL(覆铜板)本身的热性能相关。

(4) 板面腐蚀或变色

板面腐蚀或变色一方面与材料工艺的匹配性有关，另一方面也可能缘于印制板材料的性能不良。

(5) 板弯、板翘

板弯、板翘也主要来源于基材质量与加工工艺。

作为元器件的载体和实现电路连接的主要媒介，PCB 的质量和可靠性直接影响到产品的质量和可靠性。要保证 PCB 的质量和可靠性，需要基于历史失效事件开展失效分析，基于失效机理提出改善方案，并及时修订预防措施，固化到日常的管控程序中去。

2.3 机载典型失效电连接器腐蚀分析

为研究热带海洋环境长期作用下电连接器的腐蚀状况，选取热带海洋环境飞机大修时更换下来的电连接器进行腐蚀分析，如图 2-9 所示。该型电连接器的壳体为铝合金镀镍，从图 2-9 可看出电连接器壳体外表面镀层划痕较多，滚花处和对接处有磨损，内部的接触件插孔在目测下未看出明显腐蚀，而螺纹连接面腐蚀严重，这表明壳体对内部腐蚀的防护作用已经失效，腐蚀不断向内部渗透。为进一步分析服役环境下电连接器的腐蚀类型，采用宏、微观分析方法对腐蚀形貌、腐蚀产物的特征等做进一步的分析。

图 2-9　飞机大修时更换下的电连接器

2.3.1　腐蚀形貌宏观分析

在体视显微镜下对故障件进行宏观观察和分析，整个实验过程中避免了对连接件的破坏，外观检查重点关注高应力区、异金属接触区、电路裸露区等易腐蚀区，并对观察结果做出腐蚀区的猜测。针对 3 号电连接件从正反面进行拍照并进行完整拼图，在体视显微镜下宏观腐蚀形貌主要集中在插孔的尾部及连接件的中间轴身，腐蚀形态以点蚀和局部腐蚀为主，并出现严重锈蚀和涂层脱落(图 2-10)。4 号件插针的宏观腐蚀形貌主要集中在插针的尾部及连接件的中间轴身，腐蚀形态以点蚀和局部腐蚀为主，并出现严重锈蚀和蚀坑，在插针头部有局部镀层脱落(图 2-11)。两个试件的插孔和插针的轴肩处均出现了腐蚀，该位置与内部的绝缘体配合，这说明尾附或绝缘体及插头插座的配合处密封失效，导致潮气进入绝缘体内部，引起插孔和插针的外部腐蚀。

2.3.2　腐蚀形貌微观分析

在利用体视显微镜观测的基础上，分别对插孔轴身及插针尾部进行扫描电镜处理，观测腐蚀形态并对腐蚀产物通过能谱分析仪(EDS)进行能谱分析。在扫描电镜下观察了 3 号电连接件的轴身、插孔尾部位置，4 号电连接件的轴身、插针前端位置，如图 2-12、图 2-13 所示。

图 2-10　3 号电连接件某插孔在体视显微镜下的腐蚀形貌

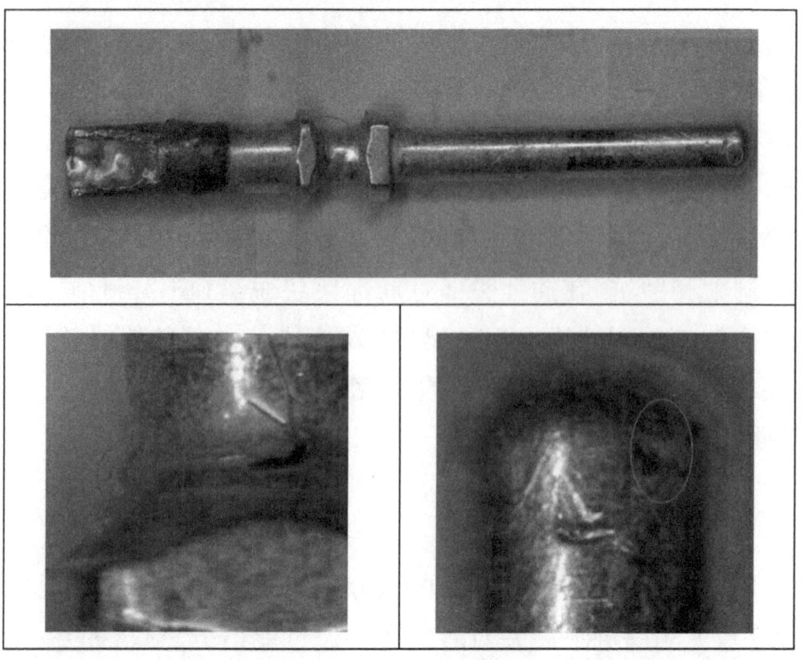

图 2-11　4 号电连接件某插针在体视显微镜下的腐蚀形貌

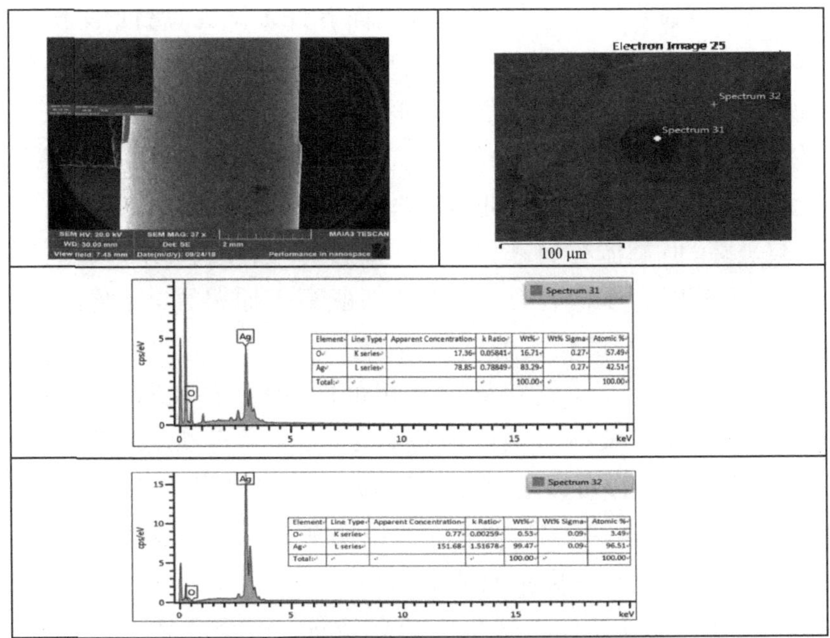

Element	Line Type	Apparent Concentration	k Ratio	Wt%	Wt% Sigma	Atomic %
O	K series	17.36	0.05841	16.71	0.27	57.49
Ag	L series	78.85	0.78849	83.29	0.27	42.51
Total:				100.00		100.00

Element	Line Type	Apparent Concentration	k Ratio	Wt%	Wt% Sigma	Atomic %
O	K series	0.77	0.00259	0.53	0.09	3.49
Ag	L series	151.68	1.51678	99.47	0.09	96.51
Total:				100.00		100.00

(a) 插孔中间位置

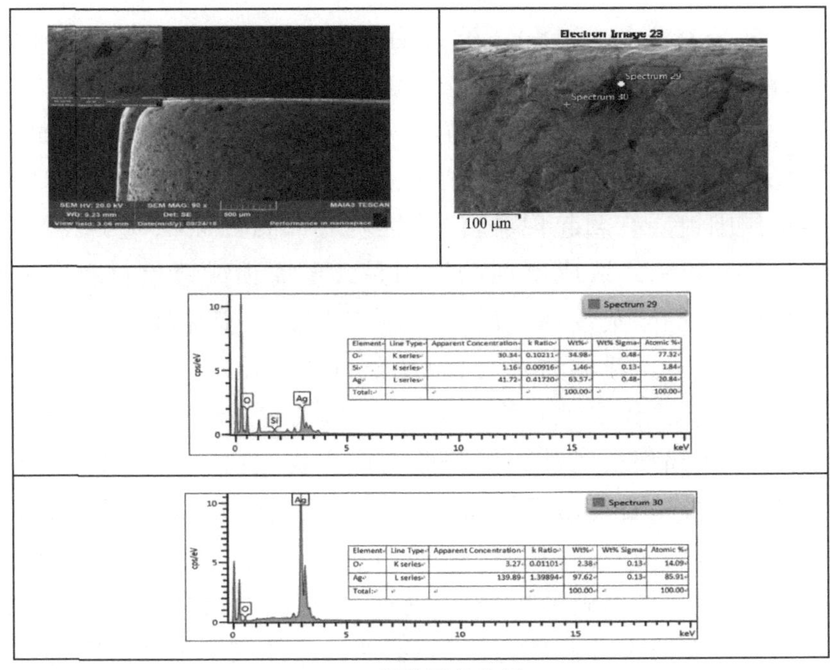

Element	Line Type	Apparent Concentration	k Ratio	Wt%	Wt% Sigma	Atomic %
O	K series	30.34	0.10211	34.98	0.48	77.32
Si	K series	1.16	0.00916	1.46	0.13	1.84
Ag	L series	41.72	0.41720	63.57	0.48	20.84
Total:				100.00		100.00

Element	Line Type	Apparent Concentration	k Ratio	Wt%	Wt% Sigma	Atomic %
O	K series	3.27	0.01101	2.38	0.13	14.09
Ag	L series	139.89	1.39894	97.62	0.13	85.91
Total:				100.00		100.00

(b) 插孔尾部位置

图 2－12　3 号电连接件插孔 SEM 及 EDS 分析结果

图 2－12(a)显示了电连接器轴身表面有许多微孔，腐蚀形态为局部腐蚀坑。对该区域进行 EDS 能谱分析，点扫描显示的元素有 Ag 和 O 元素；可以发现明亮区域 O 元素含量为 3.49％，Ag 元素含量为 96.51％，而灰暗区域有较高的 O 含量，为 57.49％，Ag 元素含量为 42.51％，这说明在整个腐蚀过程中氧的盐效应占主导地位，即大气中的 O 优先与 Ag 发生反应。Ag 膜层被破坏，但基体材料还没有参与腐蚀。由于生成的氧化物的体积远大于失去的金属的体积，因而腐蚀区一般高于原表面，且腐蚀产物导电性差，极易引起接触不良和接触电阻增大。

图 2－12(b)显示了电连接器插孔尾部的形貌，腐蚀形态为腐蚀坑，镀层存在裂纹和翘起现象。对该区域进行 EDS 能谱分析，点扫描显示的元素有 Ag、Si 和 O 元素；可以发现明亮区域 O 元素含量为 14.09％，而灰暗区域有较高的 O 含量，为 77.32％。这说明灰暗区域明显为氧化区，含有 1.84％的 Si 元素，认为是基底的成分(6061－T651 是 6061 铝合金的主要合金，是经过热处理预拉伸工艺生产的高品质铝合金产品。主要合金元素是 Mg 和 Si，并形成 Mg_2Si 相，主要化学成分有(％)：铝 Al 余量、镁 Mg 0.8～1.2、硅 Si 0.4～0.8 等)。这说明 Ag 涂层已经被破坏，且基体材料已参与腐蚀。

图 2－13 显示插针的腐蚀损伤与 3 号电连接件的插孔类似，都是以局部的点蚀为主，表面特别是插针前端镀层脱落，基体被破坏，并产生大量氧化物，蚀坑周围镀层有翘起现象，说明蚀坑底部腐蚀面积大于表面蚀孔面积，如图 2－14 所示。造成腐蚀的原因是镀层磨损或镀层材料存在微孔，此类腐蚀有一定的隐蔽性，随着使用会使镀层进一步脱落。

对外场使用电连接器的宏观、微观分析结果显示，腐蚀对电连接器各部件均产生影响，壳体腐蚀较为严重，出现目视腐蚀产物，而内部接触件发生以点蚀为主的局部微腐蚀。外表面腐蚀主要是由于防护体系的适海性差，接触件的腐蚀主要是由于镀层的磨损或镀层微孔引起的，腐蚀的发生会进一步加速镀层的脱落，从而形成恶性循环。上述腐蚀研究仅涉及一种电连接器的腐蚀产物形貌分析，缺乏对腐蚀全程的数据统计和一定的腐蚀对照，难以解释腐蚀失效机理，且核心部件接触件仅发生轻微腐蚀，难以进行充分研究，同时没有涉及飞机上正在逐步使用的缓蚀剂的效能研究，因此采用环境试验研究南海典型电连接器的腐蚀机理及缓蚀剂的防护效能显得尤为重要。

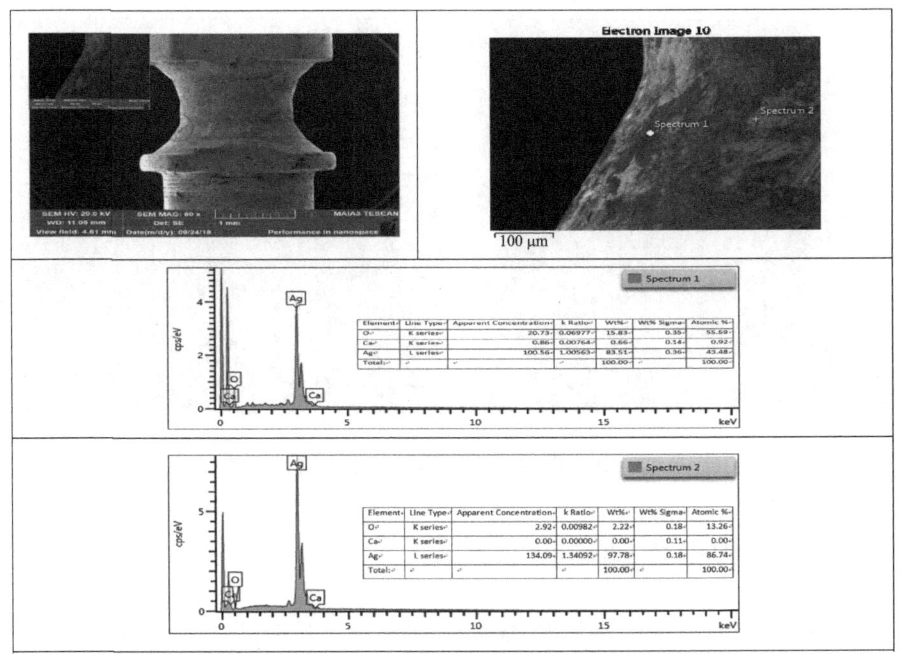

(a) 插针轴身位置

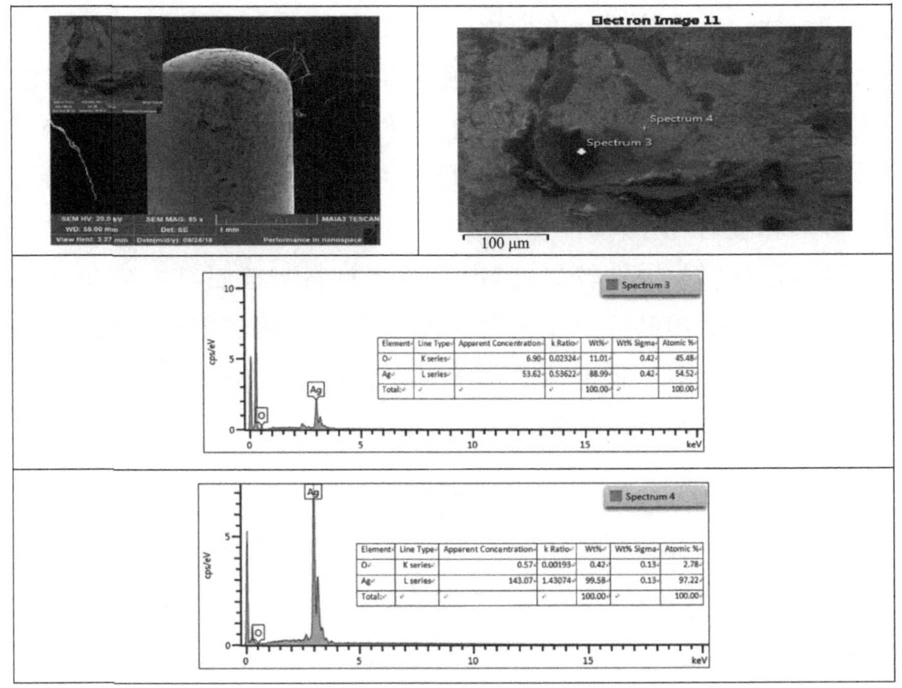

(b) 插针前端位置

图 2－13　4 号电连接件插孔 SEM 及 EDS 分析结果

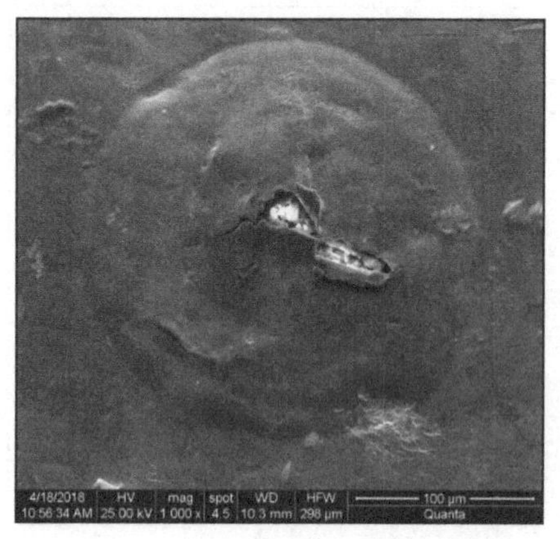

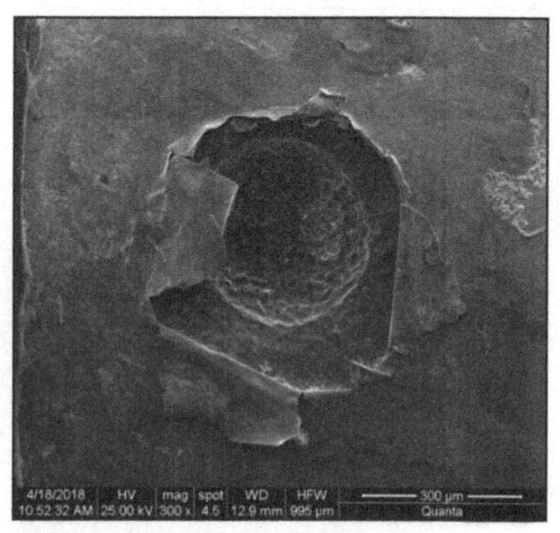

图 2-14　电连接器插针的微孔腐蚀现象

2.3.3　电连接器腐蚀机理分析

相比单一结构材料，电连接器的金属种类、不规则部位较多，因此不同于单一结构材料常发生的均匀大气腐蚀或晶间腐蚀，电连接器更多发生的是局部微腐蚀。电连接器一方面由于飞机飞行环境复杂、振动，以及高低温交替带来的形变均会使接触件接触不再牢靠，甚至产生微小缝隙结构；另一方面，电连接器的反复插拔会使接触件内产生磨粒、形成磨损，导致接触件表面出现粗大划痕，镀层破损区域增大。若密封不到位或在拆卸过程中接触外界环境，在适当条件下接触件形成的缝隙结构将充满电解液，虽然接触件所用材料耐蚀性较好，但由于基体材料与镀层材料存在电位差，就会导致电连接器接触件常发生缝隙结构下由于镀层破损造成的电偶腐蚀现象(图 2-15)，对于低电位的基体材料的腐蚀会极大加重，在长期作用下将对接触性能产生严重影响。

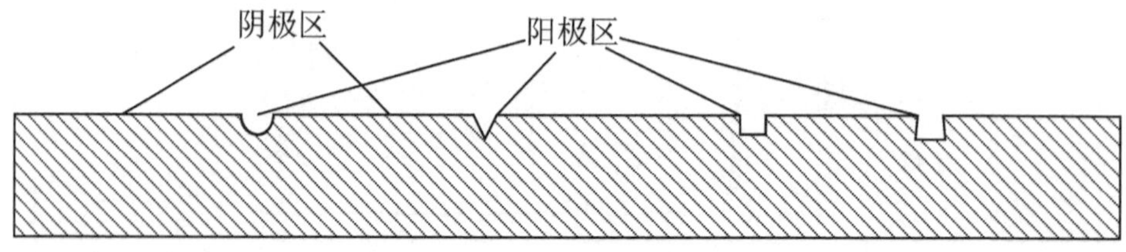

图 2-15　电偶腐蚀示意图

电连接器接触件电偶腐蚀是微小的阳极区与广大阴极区构成位置相对固定的腐蚀微电池，是一种局部腐蚀现象，如图 2－15 所示。电偶腐蚀除与阴阳极面积比和导电性有关，还受金属电位差和极化性能影响。镀金或银为接触件最常见的电镀形式，而金/银腐蚀电位高，与铜或铝存在较大电位差，这使得电偶条件下的腐蚀速率远远大于金属的自腐蚀速率。若金属电位低于氢电位，则在溶液中阴极易发生析氢反应，腐蚀速率增大；若金属电位高于氢电位，则阴极发生吸氧反应。金属铜电位大于氢电位，但由于常见的为合金材料，适当条件下电位可能低于氢电位，因而阴极既会发生吸氧反应也会发生析氢反应。从图 2－12～图 2－13 看，电连接器的前期腐蚀以吸氧反应为主，也就是氧的盐效应主导腐蚀进程。

壳体处于大气环境下发生大气腐蚀，表面电解质液膜厚度处于不断变化中，在受到划痕导致镀层丝状破损时会引起丝状腐蚀，腐蚀进程中不断侵蚀镀层结构，又进一步导致镀层脱落，腐蚀区域逐渐扩大。大气腐蚀一方面由于液膜厚度影响氧还原反应，进而可根据液膜厚度将大气腐蚀分为干、潮、湿三种腐蚀形态，腐蚀速率呈现先增大后减小的趋势。另一方面由于腐蚀产物水解、迁移、可溶性等因素，对腐蚀的继续进行也会产生影响，对于不同金属，影响效果也不相同。若产物疏松易吸水，则会促进大气腐蚀；若产物结构致密不溶，则将抑制大气腐蚀。总体来说，在液膜厚度较薄的情况下，阳极极化起主导作用，随着液膜厚度的增大，阳极极化的作用减弱，阴极极化的作用增强。

从微观结构看，接触件镀层破损区域若是孔状将会发生孔蚀，若是丝状结构的破损将发生丝状腐蚀，无论是孔蚀还是丝状腐蚀，腐蚀产物的堆积、迁移均会使得镀层结构松散脱落，引起更大规模的腐蚀。铜合金表面如果直接进行镀金处理会导致微孔腐蚀产物直接蔓延至接触面，影响接触性能，因而接触件往往采用易于形成保护性氧化物的 Ni、Sn 作为中间镀层。Ni、Sn 的金属电位又低于 Cu，最先发生腐蚀，导致基底与镀层中间形成鼓泡，进而使镀层破损脱落。当接触件表面的薄液膜溶液被蒸发时，腐蚀产物容易脱落，从而在振动环境下使接触件间的镀层产生磨损，当再次有水汽存在时，铜作为阳极，与周围的镍金镀层构成大阴极小阳极的腐蚀电池，进而引发更严重的腐蚀。

总之，在机载电子元器件复杂的使用环境下，金属材料腐蚀表现为非稳态薄液膜下的电化学过程，在不连续的电解液膜下易形成氧浓度差腐蚀电池，诱发腐蚀的萌生。通常正是非稳态薄液膜下的电化学过程所导致的金属腐蚀产物的萌生、蠕动行为，成为电路短路或者断路的重要原因。由于在电子材料表面的薄液膜存在着厚度的不稳定性和分布的扩散性，特别是在电连接器内部插针与插孔的配合间隙处，因而在非稳态薄液膜中的电流分布也与本体溶液中的电流分布存在较大的差异，薄液膜动态变化会导致金属表面固相、薄层液相和含氧气相三相交界区域的数量增多，从而引起金属腐蚀微区电化学过程发生变化，加速金属腐蚀电化学过程。由于非稳态薄液膜下的腐蚀过程和机理具有复杂性，并且受到薄液膜控制与试验方法，以及微区电化学测试技术的限制，通过试验方法研究既有缝隙腐蚀又有电偶腐蚀的电连接器薄液膜下的腐蚀机理目前还有一定的困难。本书采用腐蚀仿真的方法研究电连接器内部腐蚀的变化规律。

第3章 机载典型电子元器件腐蚀加速试验方法

3.1 敏感环境因素分析

电连接器和PCB在飞机上主要应用于封闭和半封闭舱室内的电子设备中,不直接接触外部大气环境,其环境影响因素为湿热和盐雾。

1. 湿 热

湿热环境对腐蚀的影响主要体现在对金属表面液膜的生成和反应速率。电化学腐蚀是金属腐蚀最广泛的形式,电子元器件的大气腐蚀主要是电化学腐蚀。电化学腐蚀的先决条件是要有连续电解质液膜的存在,只有在电解质溶液中,阳极金属失去的电荷才能迁移到阴极金属表面,被去极化剂吸收。电荷在电解质溶液中迁移并伴随物质交换的过程即为大气腐蚀的基本过程。

干燥空气中不会发生电化学腐蚀,只有当空气相对湿度达到一定量值,能够在基材表面形成连续液膜时,才会有电化学腐蚀现象的发生。金属表面形成液膜所需要的相对湿度临界值称为腐蚀临界湿度值,其润湿时间决定了腐蚀损伤的持续时间。一般而言,腐蚀速率会随着空气中相对湿度的增加而增大,常用材料临界相对湿度在60%～75%之间。此外,温度升高也会加快腐蚀介质与结构之间的反应速率,在一定湿度范围内,按化学反应理论计算,温度每增加10 ℃,腐蚀速度增加约1倍。

西沙年度月平均相对湿度和平均温度分别如图3-1、图3-2所示。可以看出,户外和棚下的相对湿度和平均温度比较接近;月平均相对湿度均处于70%以上,在9月份达到最高值84.68%,月平均温度处于25 ℃以上。全年处于高温高湿状态,其所引发的腐蚀效应会对飞机电子元器件的使用产生较大影响。

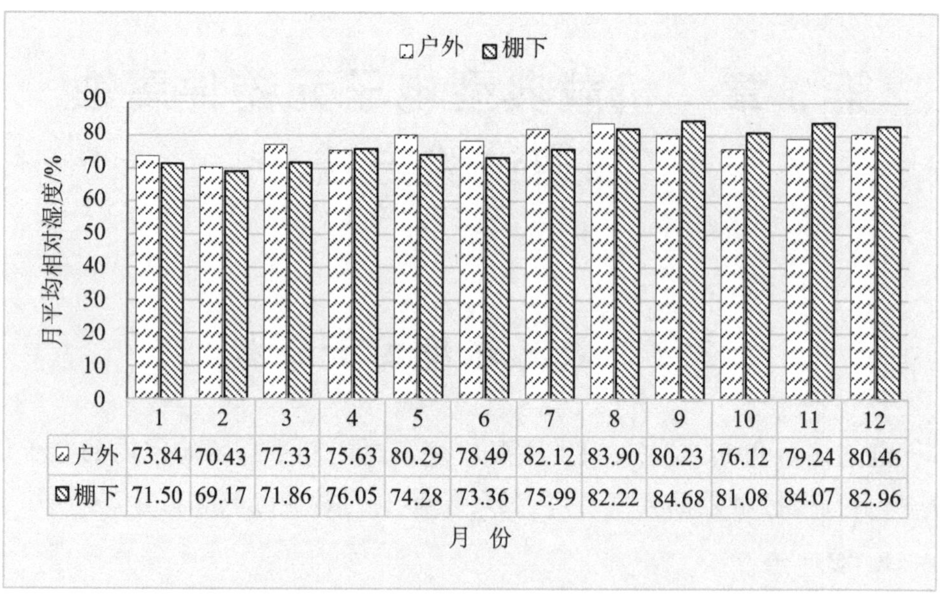

	1	2	3	4	5	6	7	8	9	10	11	12
户外	73.84	70.43	77.33	75.63	80.29	78.49	82.12	83.90	80.23	76.12	79.24	80.46
棚下	71.50	69.17	71.86	76.05	74.28	73.36	75.99	82.22	84.68	81.08	84.07	82.96

图 3-1　西沙月平均相对湿度示意图

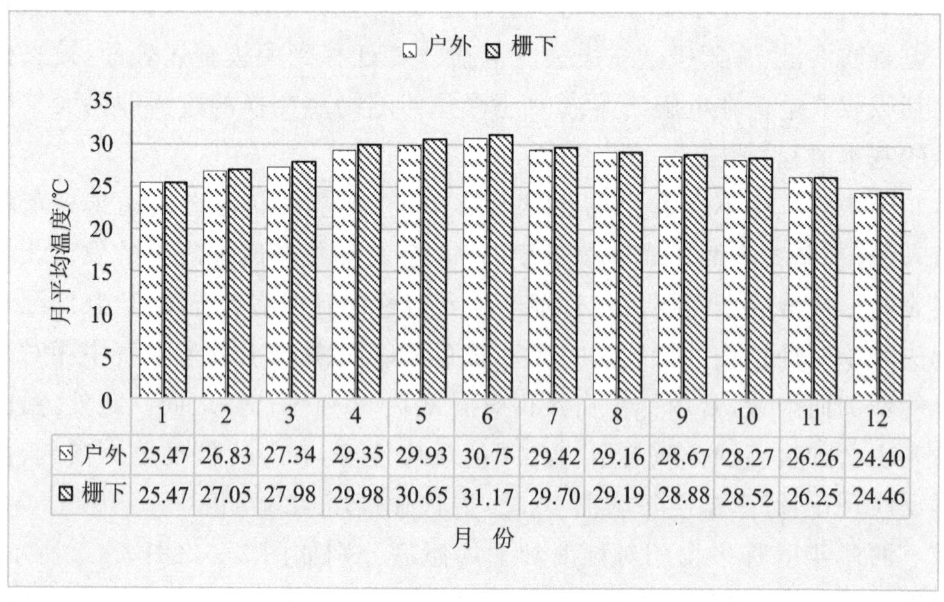

	1	2	3	4	5	6	7	8	9	10	11	12
户外	25.47	26.83	27.34	29.35	29.93	30.75	29.42	29.16	28.67	28.27	26.26	24.40
棚下	25.47	27.05	27.98	29.98	30.65	31.17	29.70	29.19	28.88	28.52	26.25	24.46

图 3-2　西沙月平均温度示意图

2. 盐 雾

受海浪、潮汐、大风等因素的影响，海洋大气中含有较多的盐雾颗粒和盐雾液滴，它们沉降到电子元器件表面会加速涂层失效和基体金属腐蚀。同时，沉积的盐雾颗粒也易使电子元器件表面形成更厚的水膜，产生更持久的损伤作用。

一般而言，空气中的盐雾含量受风向、风速、与海岸的距离、地形、地貌影响较大。距离海岸线越远，空气中的盐雾含量越低，金属腐蚀速率越小。西沙试验站距海岸线 30 m，其户外、棚下的月盐雾沉降率如图 3-3 所示。可以看到，不同月份的盐雾沉降率有显著差别，但棚下与户外的盐雾沉降率变化趋势高度一致。户外、棚下与外部环境存在着大量空气交换，氯离子含量处于较高水平。棚下环境接近飞机半封闭舱内的使用环境。

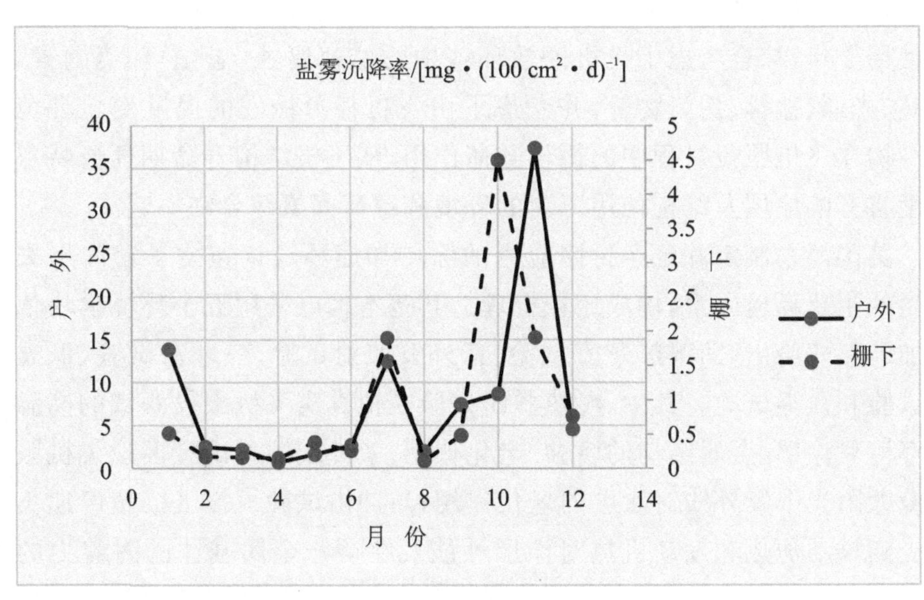

图 3-3 西沙月盐雾沉降率

因此，湿热和盐雾是电子元器件在热带海洋环境使用中产生腐蚀的主要环境因素。

3.2 试验谱的制定

3.2.1 第一阶段

在试验的第一阶段，以电子元器件在半封闭机箱内随机停放为背景设计加速试验谱。试验谱的制定参考已有加速试验谱。

1. CASS 谱

目前，我国在军用飞机关键结构的腐蚀加速试验方面，很大一部分试验剖面的确定是参考了美军针对飞机关键结构制定的涂层加速试验环境谱及试验程序(以下简称 CASS)，如图 3-4 所示。该谱主要针对军用飞机在亚热带地区服役的环境条件，一个试验周期包含五个试验项目，当量外场使用 1 年，综合考虑了飞机停放环境中的加速腐蚀(老化)环境因素，如湿热、光照、盐雾、污染物等，并考虑了由飞行任务诱发的温度变化环境以及结构在飞机服役过程中的循环载荷作用，从飞机结构寿命期任务特点的角度将影响涂层及结构使用寿命的环境和载荷因素综合在一起。

美国海军制定并已经付诸应用的涂层加速环境谱包含了对涂层失效产生的主要环境因素，构成比较合理。其基本构成采用五个环境模块依次施加的形式给出，即湿热暴露试验、紫外线照射试验、热冲击试验、低温疲劳试验和盐雾试验。其中，湿热暴露试验模拟真实飞机服役海域的高温高湿环境对涂层/金属结构的腐蚀/老化作用；紫外线照射试验模拟飞机服役环境太阳光中紫外线对涂层的老化作用；热冲击试验模拟飞机超声速飞行中受到气动加热和发动机热对涂层性能及涂层与金属基体的附着力的影响作用；低温疲劳试验模拟飞机在高空飞行时受到的低温环境下疲劳载荷对涂层及其与金属基体附着力的影响作用；盐雾试验模拟飞机服役海域中大气高盐环境及废气污染形成的酸性盐雾对涂层及金属基体的腐蚀/老化作用。

2. 环境谱剪裁

通过前述分析可知，在停放状态下，电子元器件经受的主要环境因素是湿热和中性盐雾。因此，第一阶段的试验谱在 CASS 谱的基础上进行剪

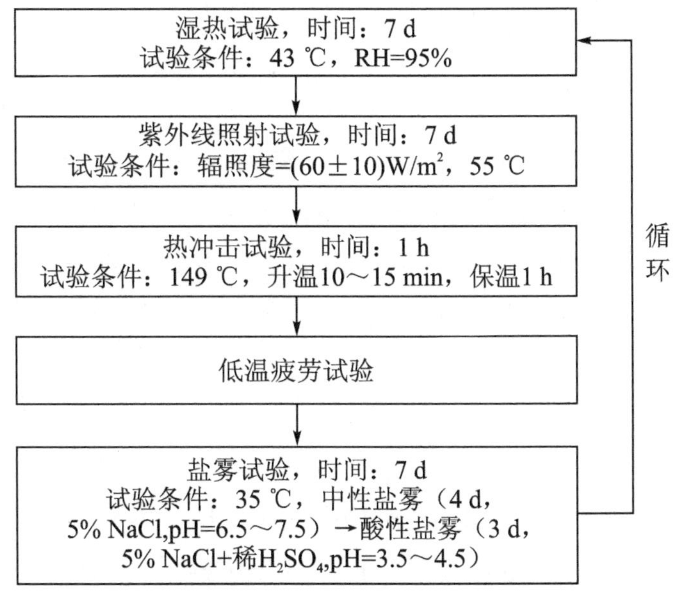

图 3－4　美军 CASS 谱

裁，保留了湿热和中性盐雾两个试验模块。同时，为了便于与西沙试验站自然暴露试验结果进行对照，将 CASS 谱中的湿热试验和盐雾试验时间缩短为 1/4，形成一个试验循环（湿热试验和盐雾试验各 42 h，一个循环共 3.5 d），具体如图 3－5 所示。

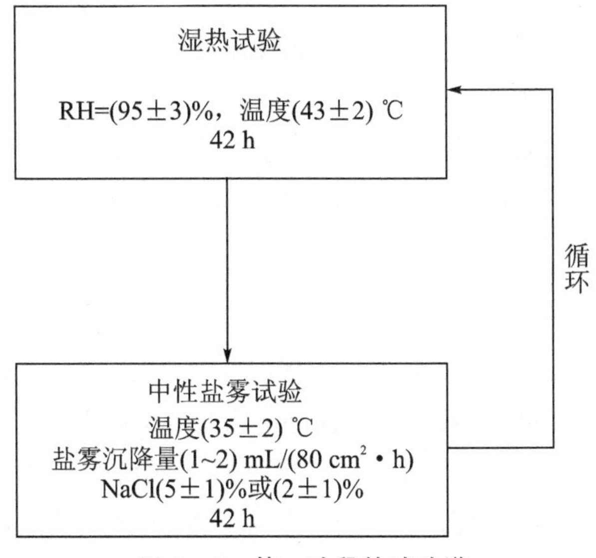

图 3－5　第一阶段的试验谱

试验第一阶段共进行了 14 个循环，累计 49 d。

3.2.2 第二阶段

飞机电子元器件在实际使用中除了受到温度、湿度、盐雾等自然环境因素的影响外，有时也会受到酸性气体的影响。因此，在完成全部样品的第一阶段试验后，继续开展第二阶段的试验。在试验的第二阶段，采用酸性盐雾试验，重点考察酸性对电连接器和 PCB 腐蚀的影响，试验条件如下：

温度 $T=35$ ℃；

5% NaCl；

酸性(pH＝3.5～4.5)溶液，pH 值由加入 H_2SO_4 的量控制。

试验时间：CC 系列电连接器在打开状态试验了 6 d；DD 系列电连接器在连接状态下试验了 14 d 后，在打开状态下继续试验 12.5 d，共 26.5 d；PCB 共试验 30 d。

3.3 加速试验流程

1. 试验前试验件的处理及检查

试验前，对全部样品进行全面的外观检查并拍照记录，以便与试验过程中及试验后的外观进行比较。

采用无水乙醇对样品表面进行清洗，以去除油污或手汗的影响；此外，对样品喷涂不同类型的缓蚀剂。喷涂缓蚀剂前后均对样品进行初始电性能检测，测试参数为接触电阻。

2. 试验中试验件的处理及检查

按照第一阶段和第二阶段的试验谱对试验样品进行试验，试验期间在一定的阶段取出样品，用蒸馏水对样品进行冲洗，去除盐溶液残留；然后将样品置于 40 ℃的试验箱中加热 4 h，烘干样品残留的水分，用于电性能检测；检测完成后，需喷涂缓蚀剂的样品重新喷涂对应的缓蚀剂，然后继续下一周期的试验，直到试验结束。

3. 试验后试验件的处理及检查

待试验完全结束后，将试验件静置24 h，对所有的试验件进行外观检查和功能性能检测。对于多层印制电路板等电子产品，应使用干净的软毛刷和纱布清理表面积盐。清理酸性沉积物后，详细记录试验件的外观，并对试验件进行分解检查；必要时，采用扫描电镜、能谱分析、光学显微镜、红外光谱分析等技术手段对试验件腐蚀形貌、腐蚀产物成分特征等进行进一步观测和分析。

第 4 章　机载典型电子元器件热带海洋环境对比试验

4.1　典型电子元器件西沙环境模拟加速试验

4.1.1　试验对象

本试验的试验对象包括电连接器和 PCB 两种电子元器件。电连接器涉及 3 种牌号(BB、CC、DD)共 16 件,PCB 一种共 13 件。每种电连接器和 PCB 进一步分为使用 H1、H2、H3 三种不同类型的缓蚀剂及不使用缓蚀剂 4 种状态,具体见表 4－1 所列。

表 4－1　试验样品基本信息

序　号	样品种类	数　量	外　观	缓蚀剂使用情况
1	电连接器 BB	6		1 件不使用缓蚀剂 2 件试验缓蚀剂 H1 2 件使用缓蚀剂 H2 1 件使用缓蚀剂 H3
2	电连接器 CC	5		2 件不使用缓蚀剂 1 件试验缓蚀剂 H1 1 件使用缓蚀剂 H2 1 件使用缓蚀剂 H3
3	电连接器 DD	5		2 件不使用缓蚀剂 1 件试验缓蚀剂 H1 1 件使用缓蚀剂 H2 1 件使用缓蚀剂 H3

续表 4-1

序　号	样品种类	数　量	外　观	缓蚀剂使用情况
4	PCB	13		1 件不使用缓蚀剂 4 件试验缓蚀剂 H1 4 件使用缓蚀剂 H2 4 件使用缓蚀剂 H3

4.1.2　试验结果分析

1. 第一阶段

在试验的第一阶段，两种电连接器均保持紧密连接状态，试验谱块由湿热试验 42 h＋中性盐雾试验 42 h 组成，共进行了 14 轮循环试验。在第一阶段试验的最后两轮循环，使 CC 系列的电连接器处于断开状态，让插针和插孔充分暴露于湿热和中性盐雾环境中，DD 系列电连接器继续保持连接状态。

(1) 腐蚀外观

在不同的试验循环时进行了外观拍照，对腐蚀现象进行分析，具体如表 4-2 所列。

1）电连接器

从表 4-2 中电连接器的腐蚀外观变化。从表中可以看出，在试验第一阶段的湿热＋中性盐雾试验条件下，经历 14 轮循环共 49 d，两种电连接器的外部壳体未见明显的腐蚀，表面未见腐蚀产物，镀层保持较完好；在法兰盘棱角、边缘等易腐蚀位置也未见鼓泡、粉化等现象。这表明在经历第一阶段的试验后，电连接器外壳镀层依然具备较好的防腐蚀性能。

CC 系列电连接器在打开状态经历了 2 轮循环试验，对插针和插孔进行观察，未使用缓蚀剂及使用不同缓蚀剂的样品均未见明显的腐蚀斑点和腐蚀产物。

表 4-2　电连接器 CC、DD 系列在试验第一阶段的不同试验循环后的腐蚀外观

循环数	电连接器 CC 系列	电连接器 DD 系列	缓蚀剂
4	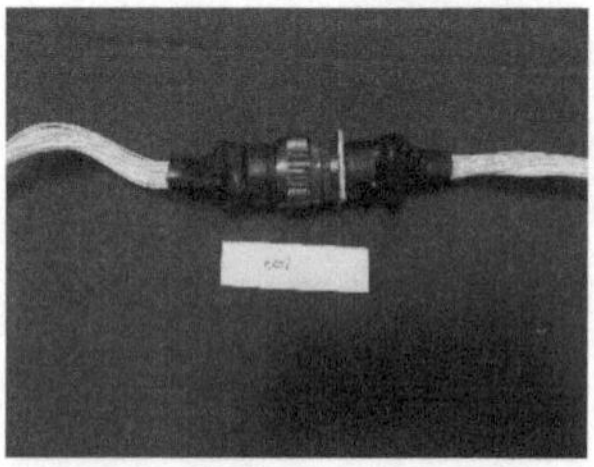		无
	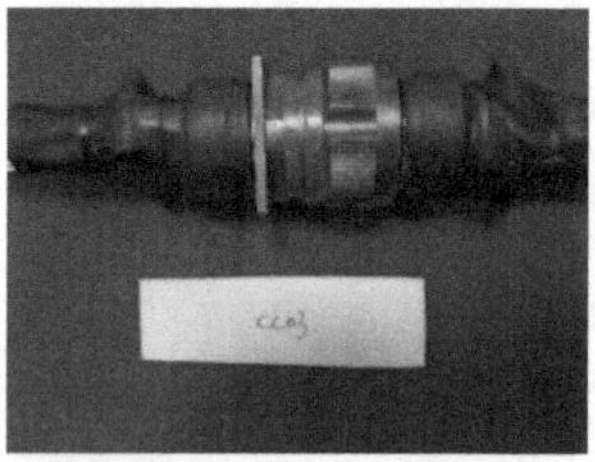		H1
	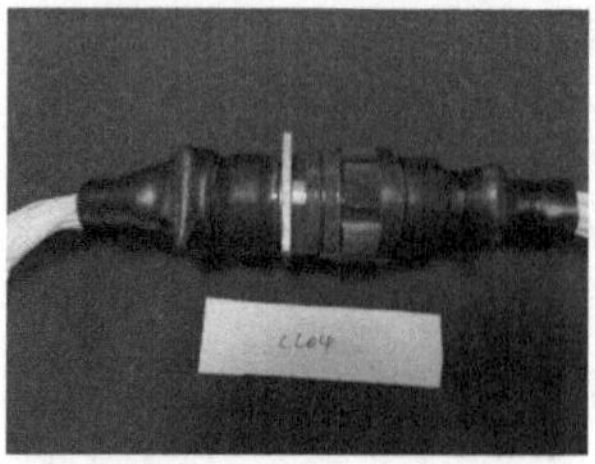	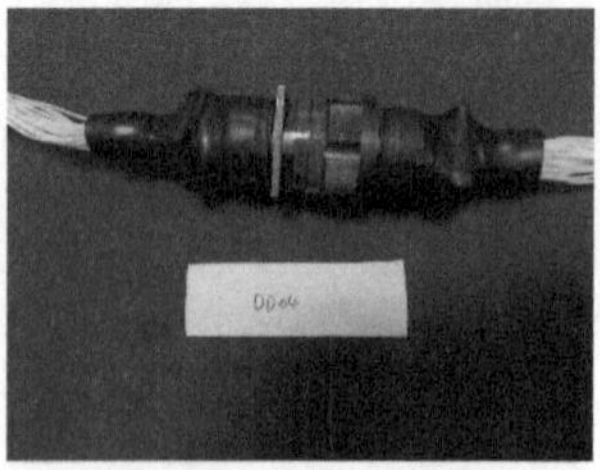	H2
	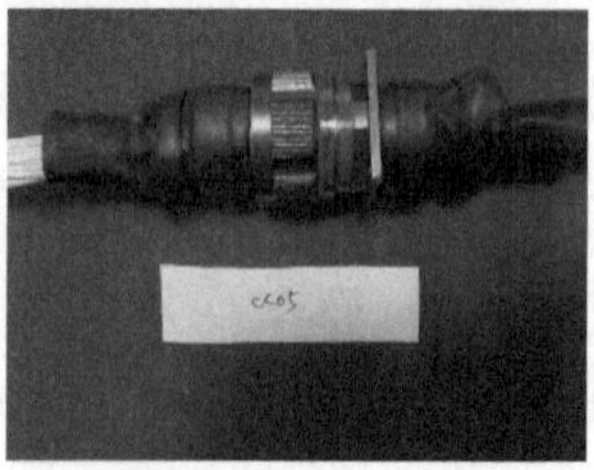	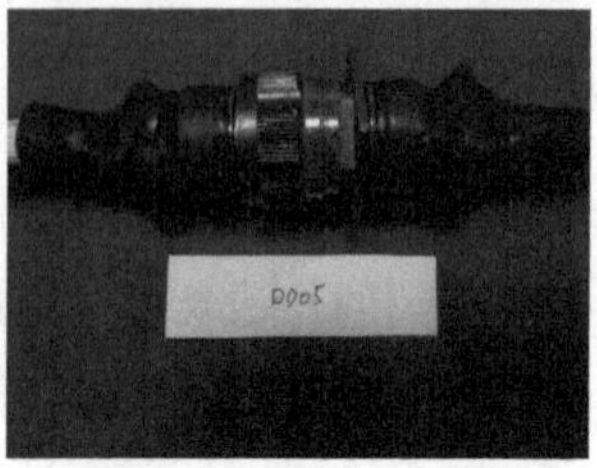	H3

续表 4-2

循环数	电连接器 CC 系列	电连接器 DD 系列	缓蚀剂
6			无
			H1
			H2
			H3

续表 4-2

循环数	电连接器 CC 系列	电连接器 DD 系列	缓蚀剂
8		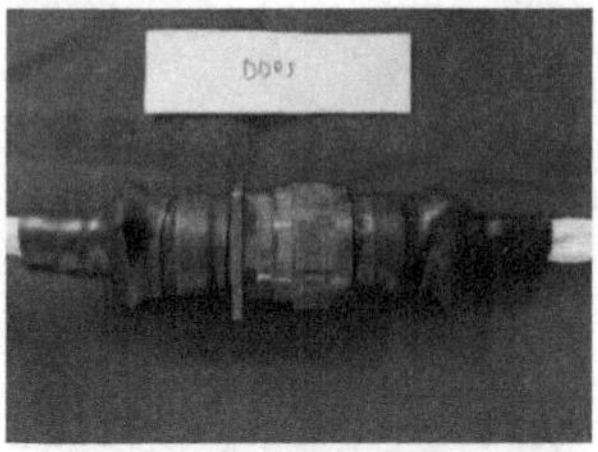	无
	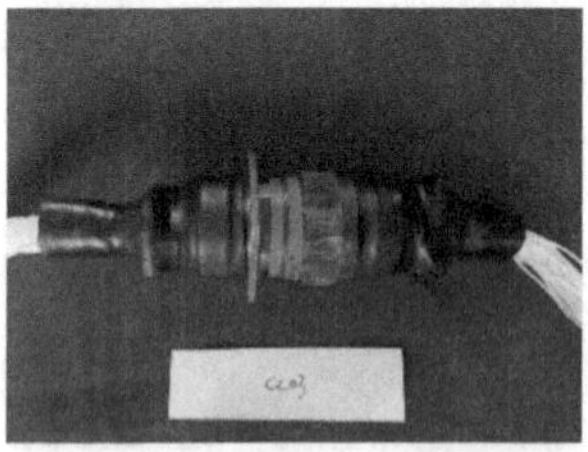	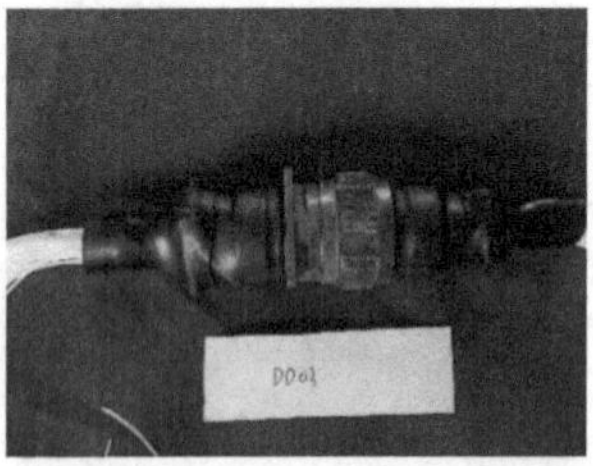	H1
	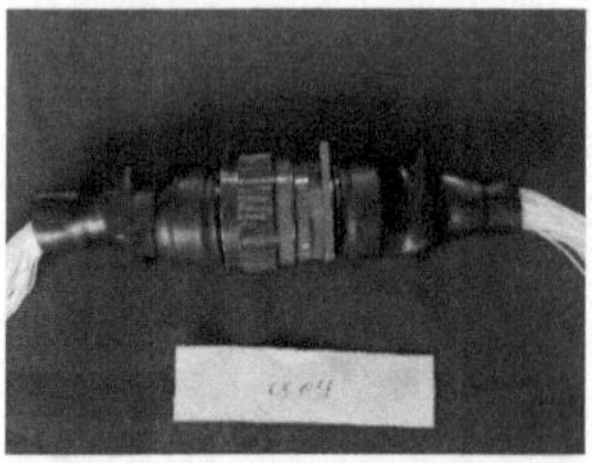	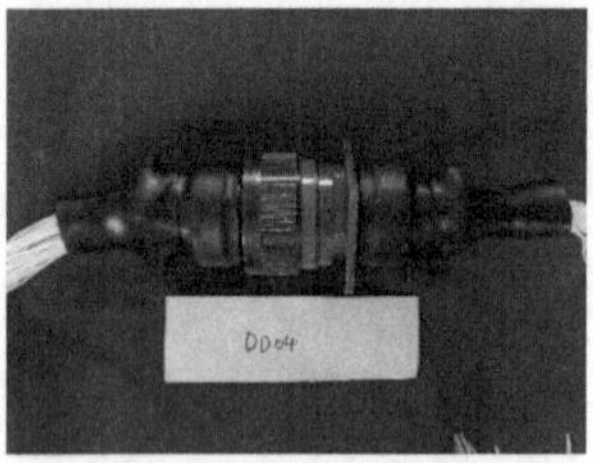	H2
	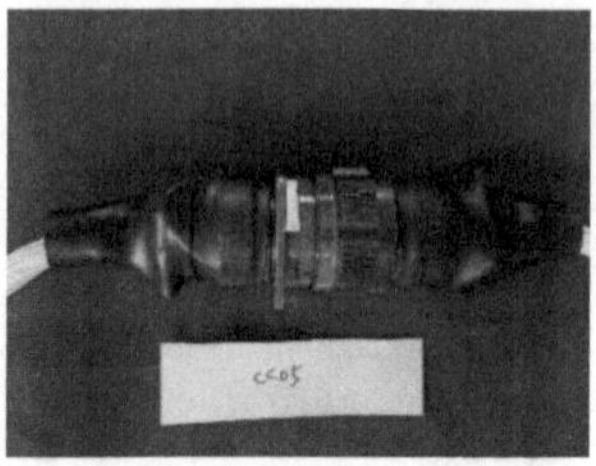	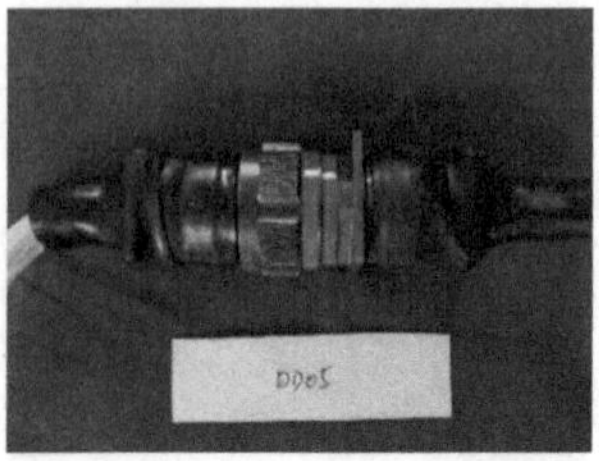	H3

续表 4－2

循环数	电连接器 CC 系列	电连接器 DD 系列	缓蚀剂
10	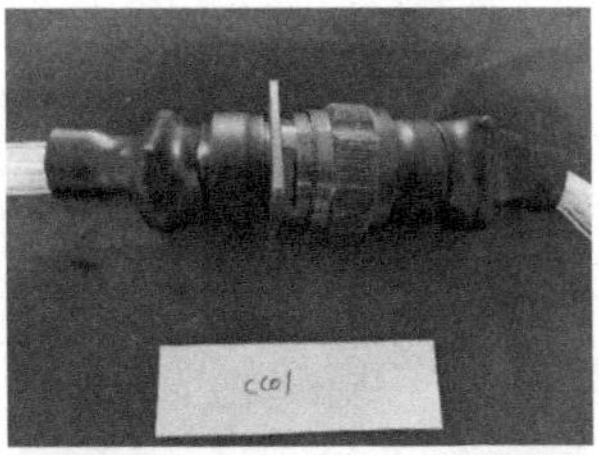	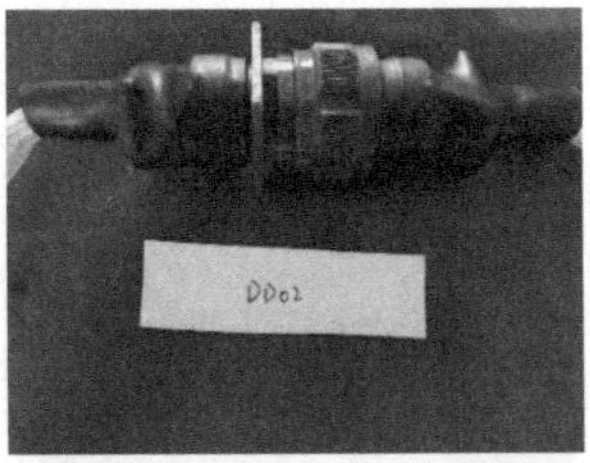	无
	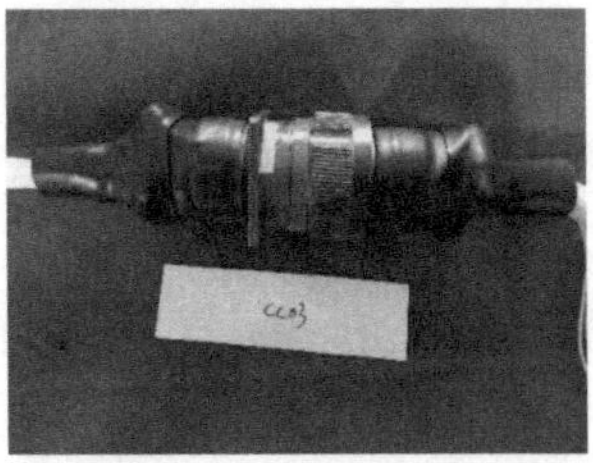	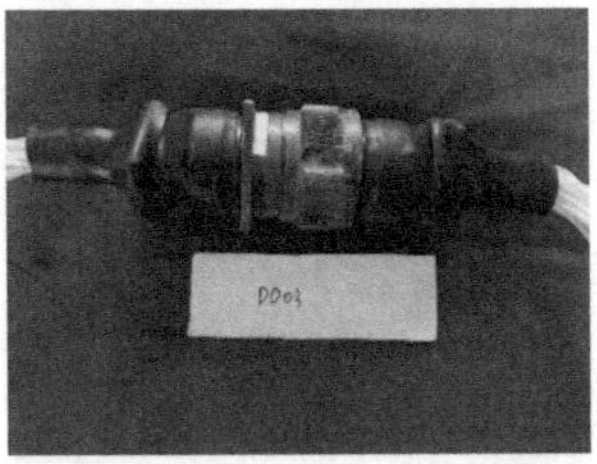	H1
	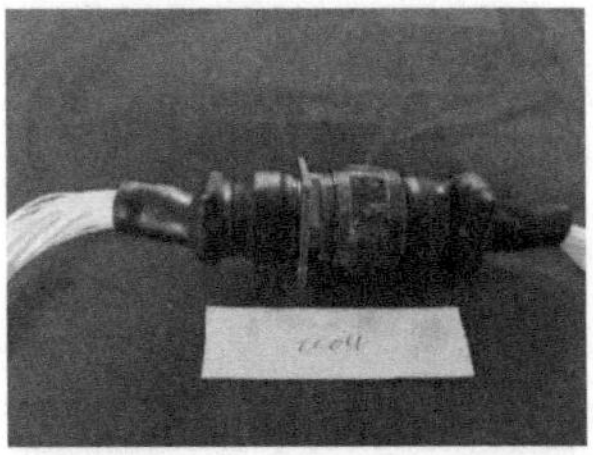	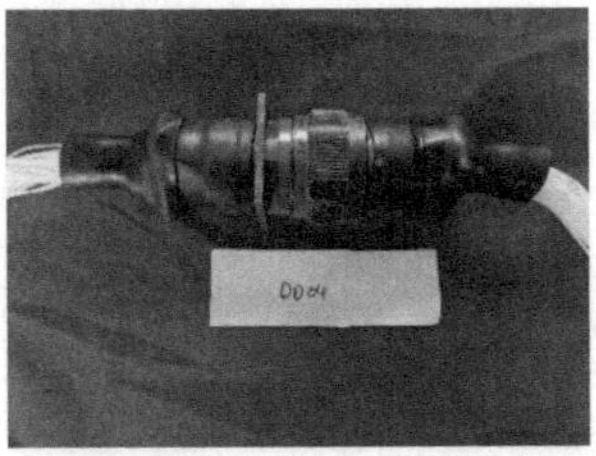	H2
	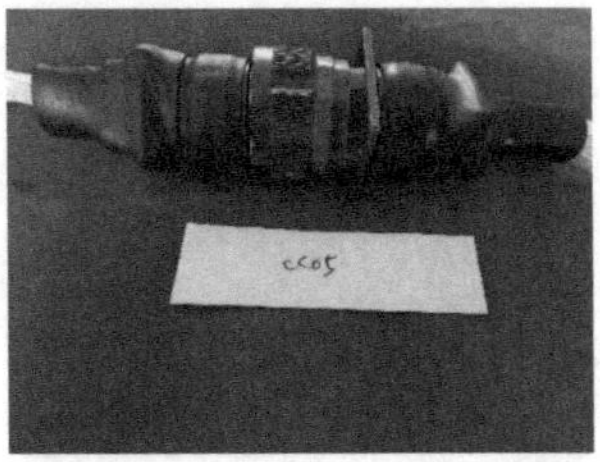	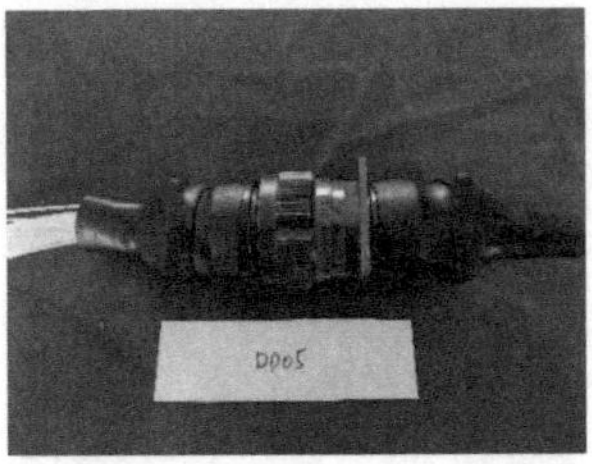	H3

续表 4-2

循环数	电连接器 CC 系列	电连接器 DD 系列	缓蚀剂
12	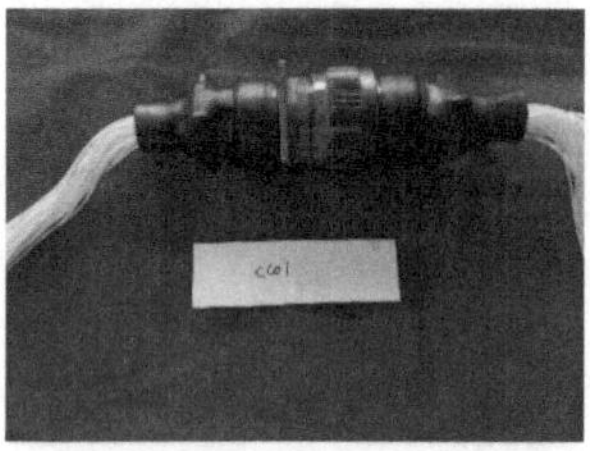		无
	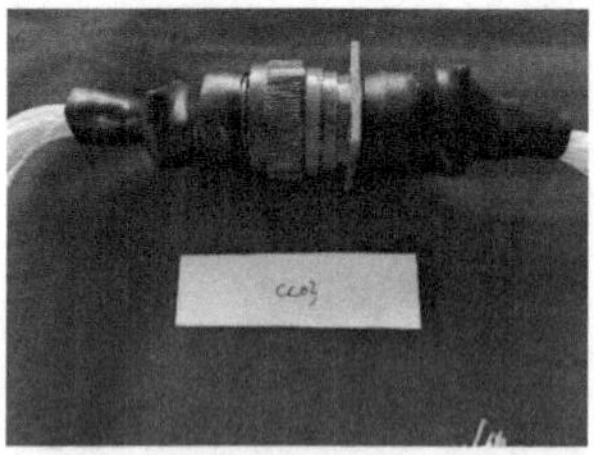	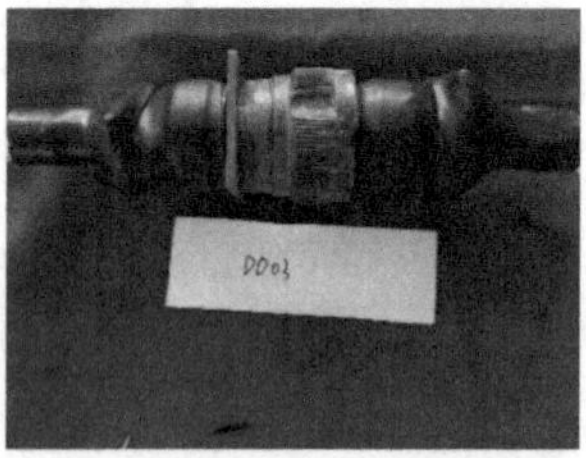	H1
			H2
	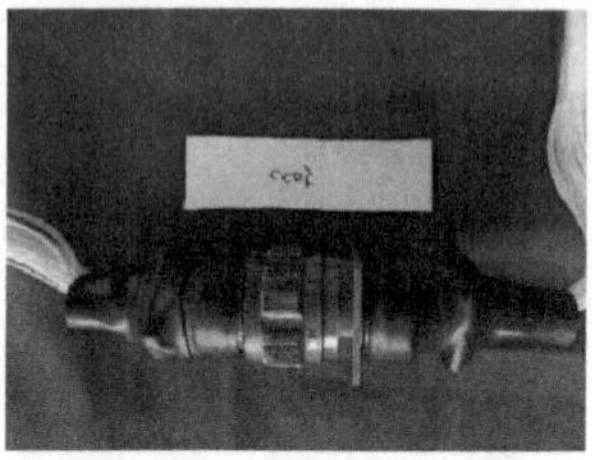		H3

续表 4 - 2

循环数	电连接器 CC 系列	电连接器 DD 系列	缓蚀剂
14	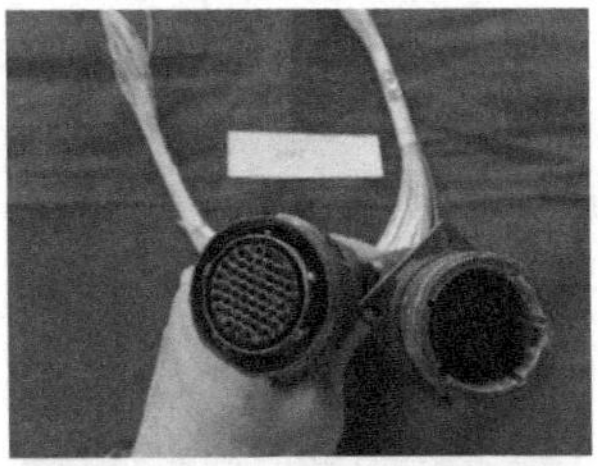	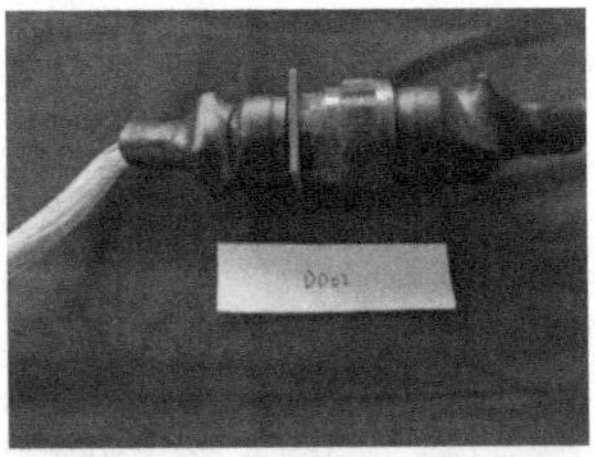	无
	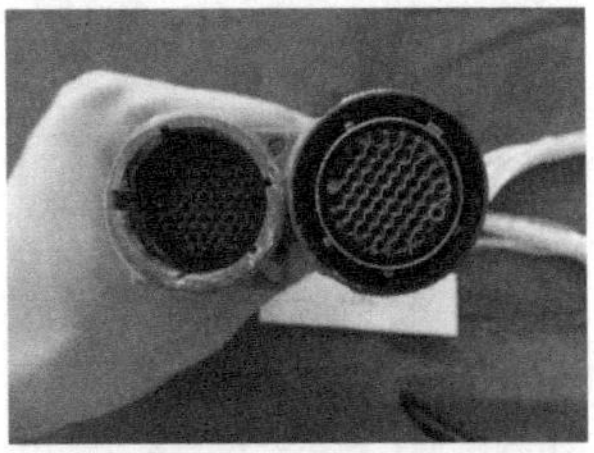	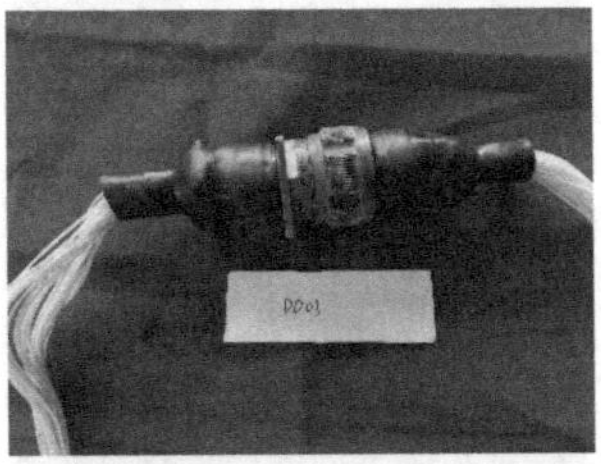	H1
	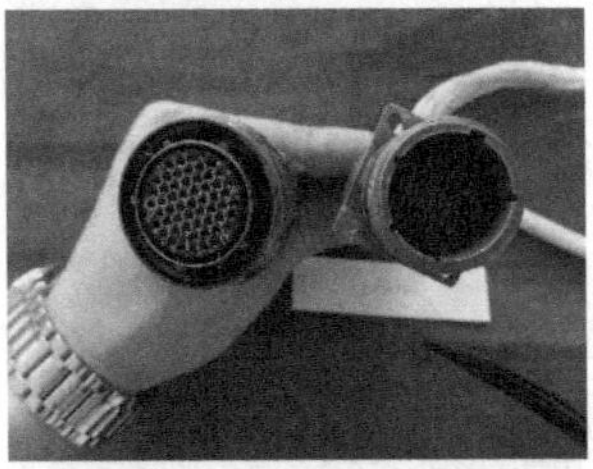	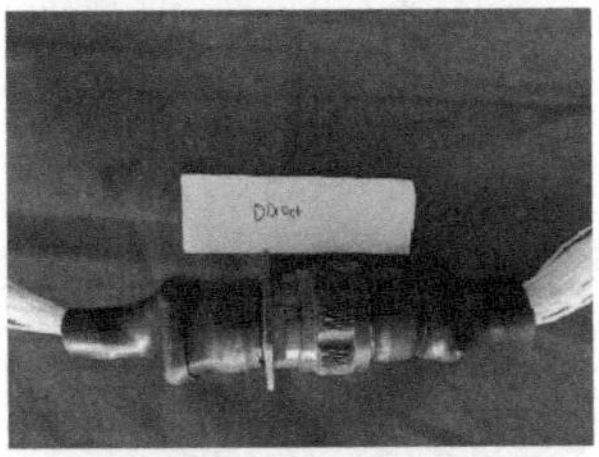	H2
	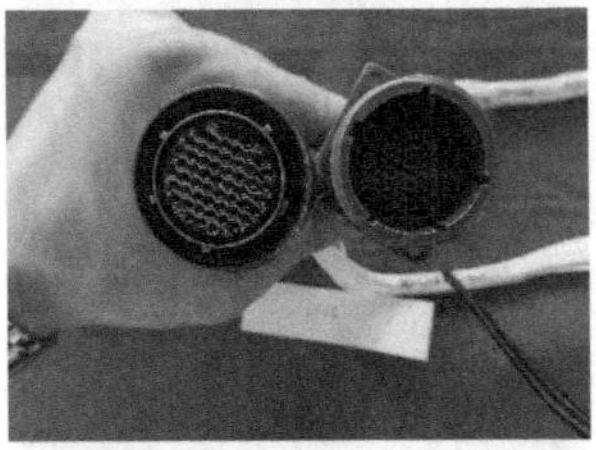	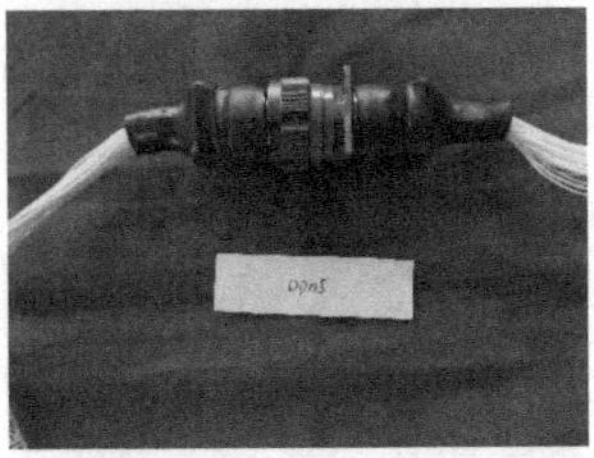	H3

2) PCB

与电连接器样品一致,PCB 在第一试验阶段共进行了 14 轮循环共 49 d 的湿热+中性盐雾试验。试验期间定期进行了腐蚀外观检查,重点检查了引线孔等易腐蚀部位，未见明显腐蚀现象。表 4-3 给出了第 4、10、14 轮循环中 PCB 的外观照片，代表了第一阶段试验前期、中期和后期的腐蚀外观。

表 4-3 PCB 在试验第一阶段的腐蚀外观

循环数	外 观		缓蚀剂
4			无
			H1
			H2
			H3

续表 4-3

循环数	外　观		缓蚀剂
10			无
		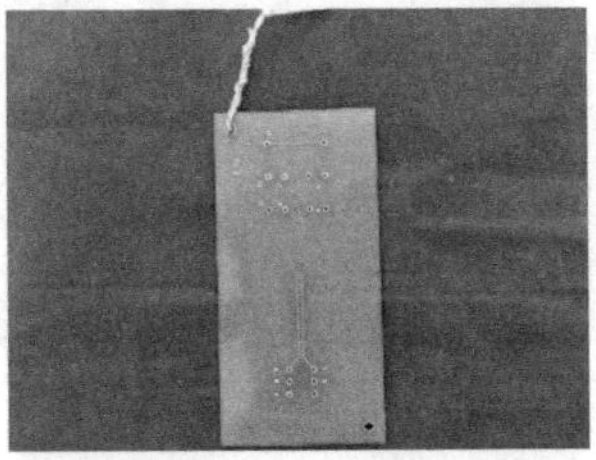	H1
			H2
	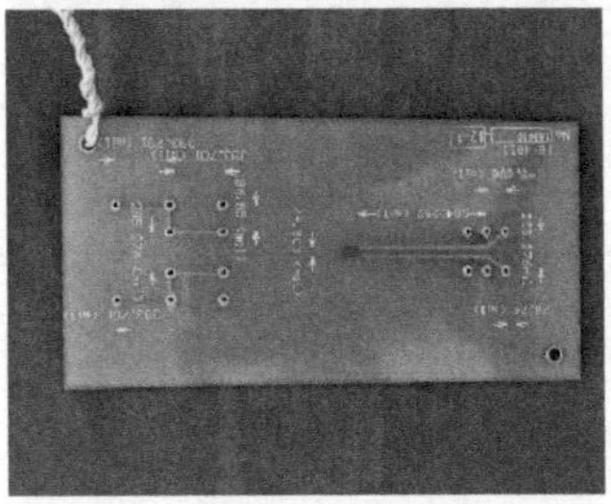	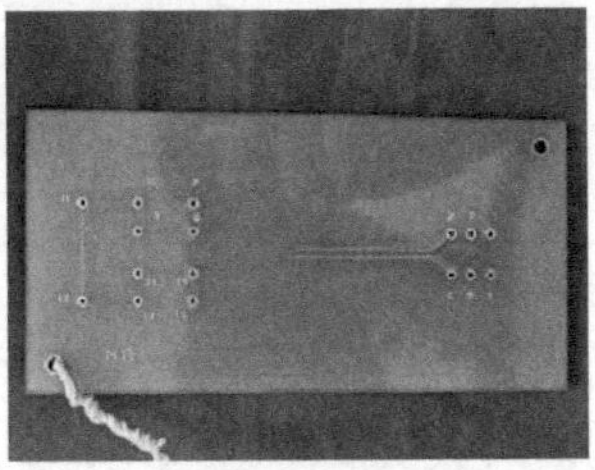	H3

续表 4-3

循环数	外　观		缓蚀剂
14			无
	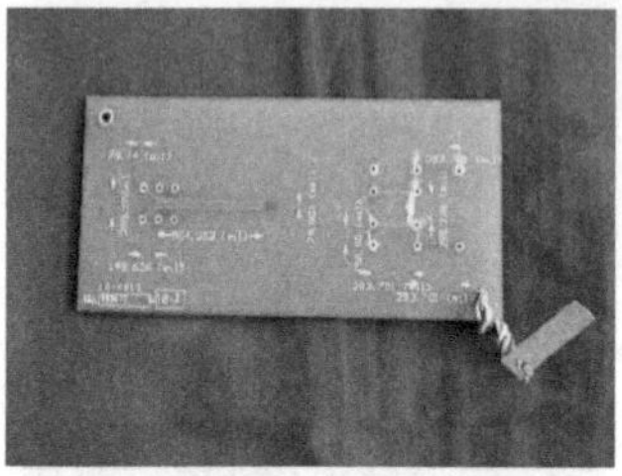		H1
	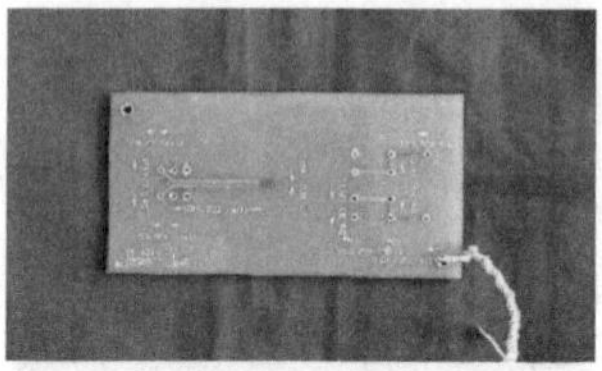		H2
			H3

(2) 电性能参数

试验期间对电连接器和 PCB 的接触电阻进行测试。对于电连接器，CC 系列和 DD 系列均为 55 针(孔)，试验期间测试了 10 号、16 号、28 号、40 号位置的四个针孔的接触电阻，测试位置如图 4-1 所示。PCB 测试位置如图 4-2 椭圆形框线位置所示。测试设备为直流低电阻测试仪，型号为 TH22512B，精度为 1 $\mu\Omega$，如图 4-3 所示。

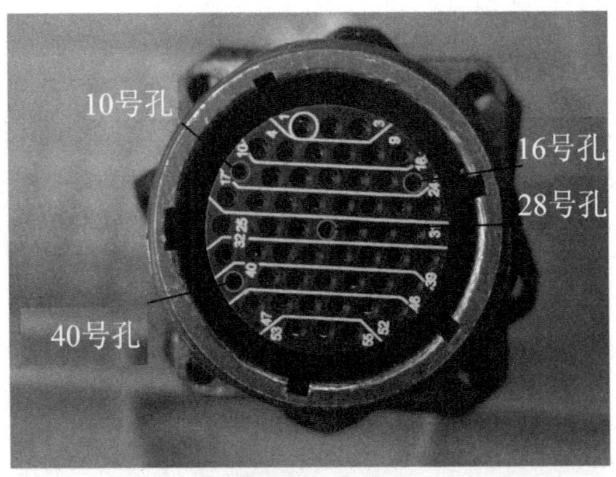

图 4-1　电连接器接触电阻测试位置

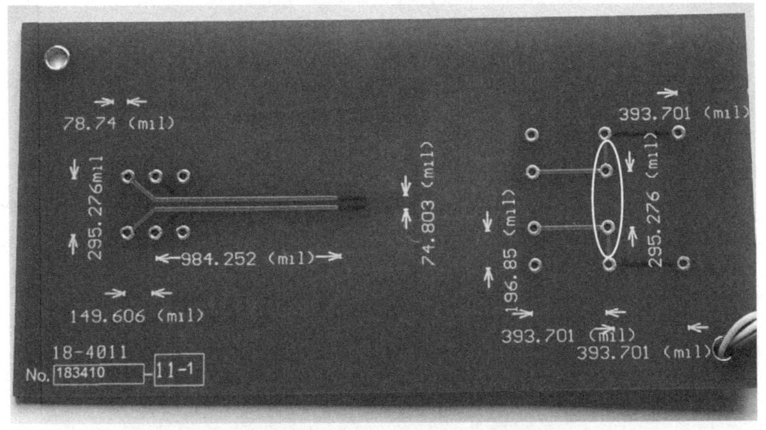

图 4-2　PCB 接触电阻测试位置(椭圆形框线)

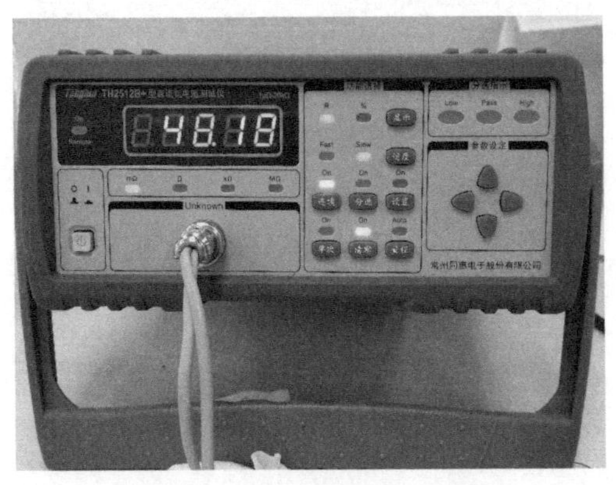

图 4-3　直流低电阻测试仪

1）电连接器的接触电阻

两种电连接器的接触电阻在试验第一阶段的变化分别如图 4－4 和图 4－5 所示。可以看出，整个试验阶段，各样品的接触电阻在 65 mΩ 左右，最大值与最小值相差不超过 3 mΩ，整体上保持稳定。不同曲线表现出了相似的轻微波动趋势，这应该与测试实验室的相对湿度有关。值得注意

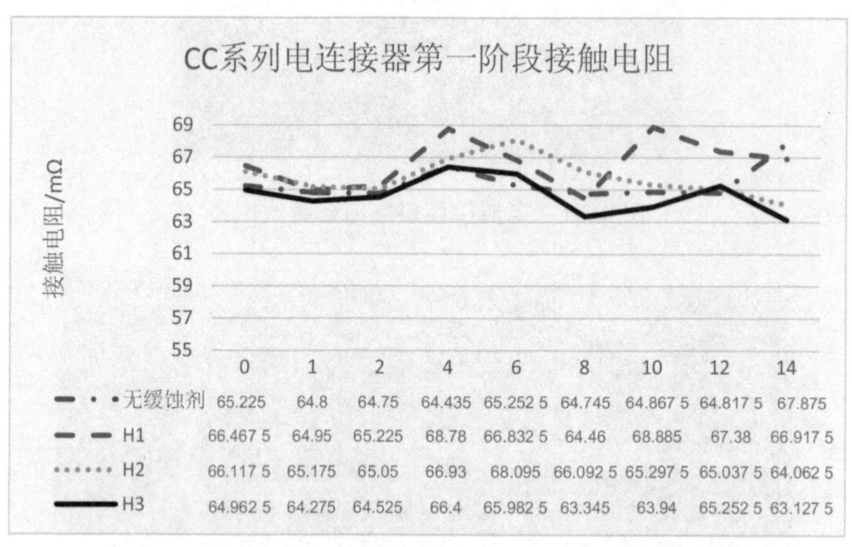

	0	1	2	4	6	8	10	12	14
无缓蚀剂	65.225	64.8	64.75	64.435	65.252 5	64.745	64.867 5	64.817 5	67.875
H1	66.467 5	64.95	65.225	68.78	66.832 5	64.46	68.885	67.38	66.917 5
H2	66.117 5	65.175	65.05	66.93	68.095	66.092 5	65.297 5	65.037 5	64.062 5
H3	64.962 5	64.275	64.525	66.4	65.982 5	63.345	63.94	65.252 5	63.127 5

图 4－4　CC 系列电连接器在试验第一阶段的接触电阻变化

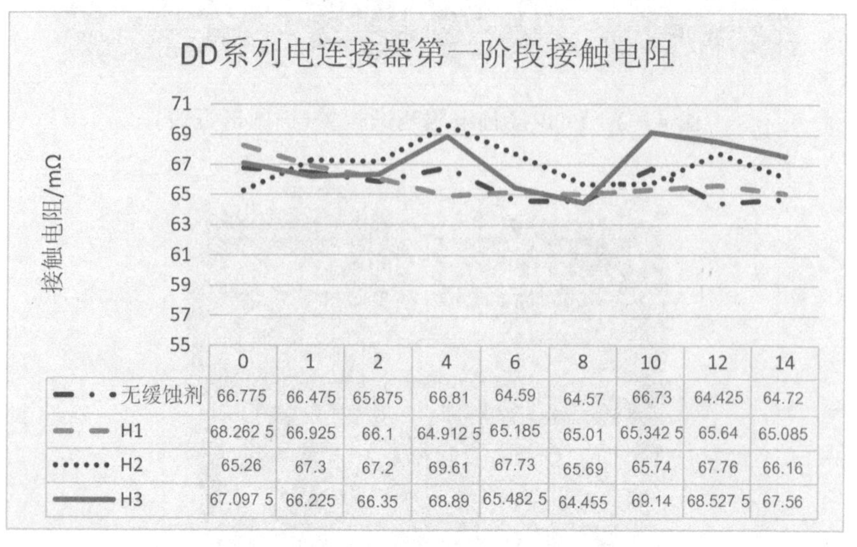

	0	1	2	4	6	8	10	12	14
无缓蚀剂	66.775	66.475	65.875	66.81	64.59	64.57	66.73	64.425	64.72
H1	68.262 5	66.925	66.1	64.912 5	65.185	65.01	65.342 5	65.64	65.085
H2	65.26	67.3	67.2	69.61	67.73	65.69	65.74	67.76	66.16
H3	67.097 5	66.225	66.35	68.89	65.482 5	64.455	69.14	68.527 5	67.56

图 4－5　DD 系列电连接器在试验第一阶段的接触电阻变化

的是，CC 系列在最后两轮循环中处于打开状态，未使用缓蚀剂的样品的接触电阻增加了约 3 mΩ，而使用了缓蚀剂的样品的接触电阻则基本不变，这在一定程度上体现了缓蚀剂的防腐蚀效果。

2）PCB

PCB 在试验第一阶段的接触电阻如图 4－6 所示。可以看出，接触电阻在 43 mΩ 左右基本保持平稳，最大值与最小值相差约 7 mΩ。各样品的接触电阻具有相似的轻微波动趋势，在第 6 轮循环时接触电阻有约 9 mΩ 的增加，且在后续测试中又恢复到较低的水平，应是测试环境变化造成的系统性误差。

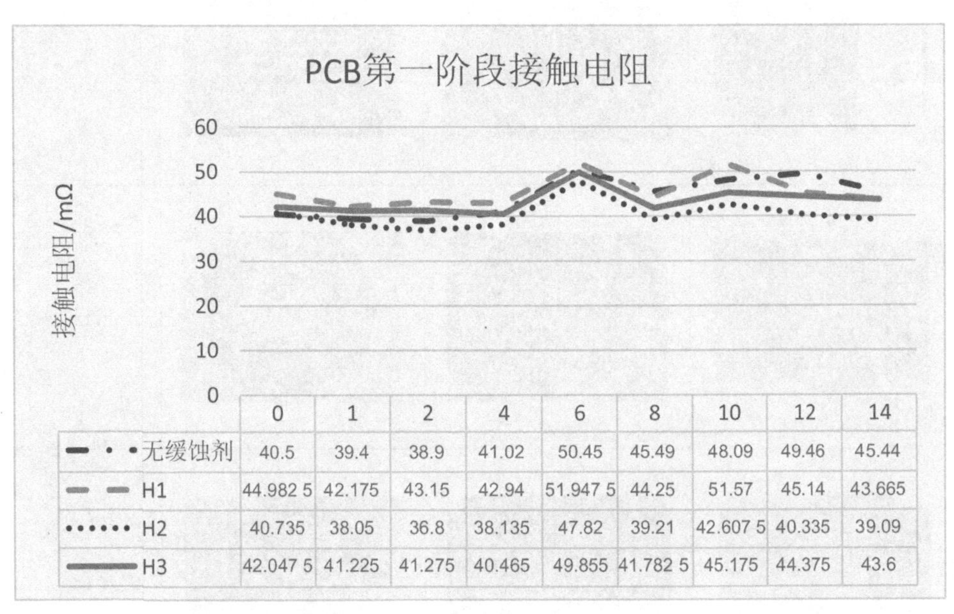

	0	1	2	4	6	8	10	12	14
无缓蚀剂	40.5	39.4	38.9	41.02	50.45	45.49	48.09	49.46	45.44
H1	44.982 5	42.175	43.15	42.94	51.947 5	44.25	51.57	45.14	43.665
H2	40.735	38.05	36.8	38.135	47.82	39.21	42.607 5	40.335	39.09
H3	42.047 5	41.225	41.275	40.465	49.855	41.782 5	45.175	44.375	43.6

图 4－6　PCB 在试验第一阶段的接触电阻变化

2. 第二阶段

（1）腐蚀外观

1）电连接器

在第二阶段，CC 系列电连接器在第一阶段试验的基础上，保持打开状态继续进行了 6 轮循环的酸性盐雾试验，外壳镀层未见明显腐蚀现象和腐蚀产物，但插针和插孔出现了较严重的腐蚀现象，多个插针尖端位置出现黄绿色产物，插孔周围有明显的腐蚀产物生成。

DD系列电连接器第二阶段在连接状态试验14 d,然后在打开状态分别试验了6 h、1.5 d、4.5 d和12.5 d。其最终的腐蚀外观如表4-4所列。可以看出,电连接器外壳仍未出现显著的腐蚀现象。各样品均有插针尖端涂覆层裸露现象,部分插针底部凝聚了白色结晶物。插孔表面出现了白色聚集物质,插孔周围出现了红褐色腐蚀产物。

表4-4 电连接器DD系列在试验第二阶段的腐蚀外观

整 体	插 针	插 孔	缓蚀剂
 DD02			无
			H1
			H2
			H3

2）PCB

PCB 在第二阶段共进行了 30 d 酸性腐蚀试验，试验后腐蚀外观如表 4－5 所列。可以看出，在经历 30 d 酸性盐雾试验后，PCB 的引线孔出现了明显的锈蚀，周围有红色腐蚀产物堆积。

表 4－5　PCB 在试验第二阶段的腐蚀外观

外　观		缓蚀剂
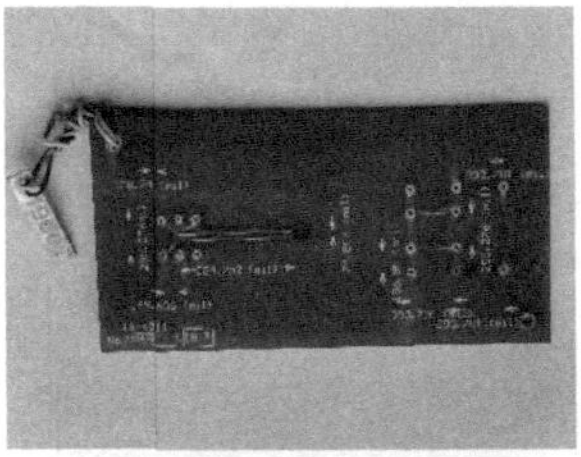	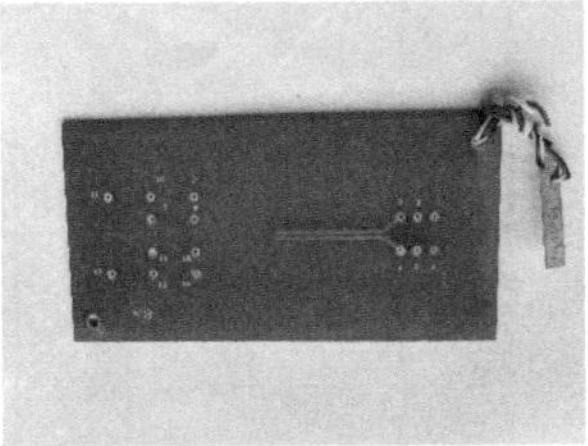	无
		H1
		H2
		H3

(2) 电性能参数

1）CC 系列电连接器

CC 系列电连接器在第二阶段打开状态试验 6 d 后进行了接触电阻测试，与第一阶段末次测量结果的对比如图 4－7 所示。

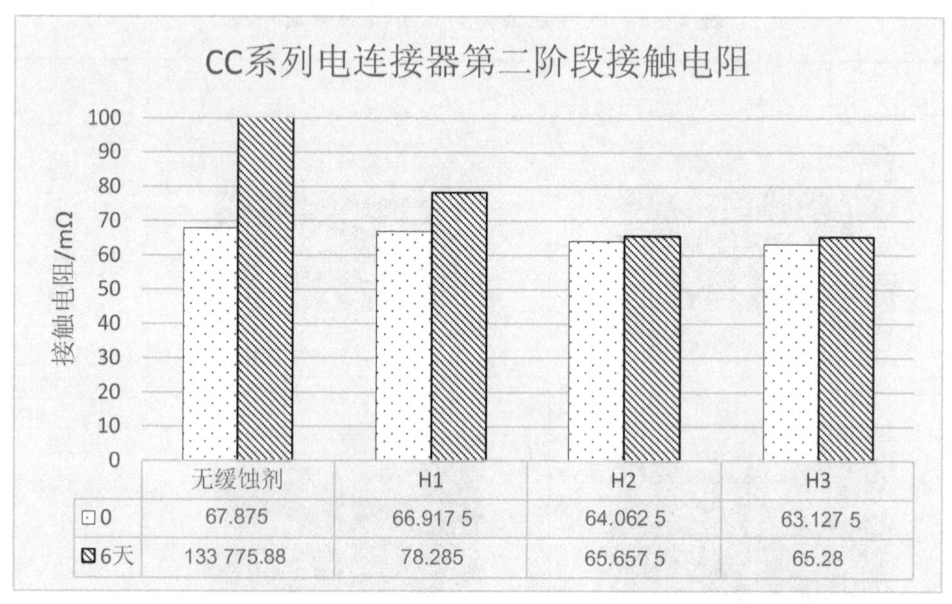

	无缓蚀剂	H1	H2	H3
0	67.875	66.917 5	64.062 5	63.127 5
6天	133 775.88	78.285	65.657 5	65.28

图 4－7　CC 系列电连接器在试验第二阶段的接触电阻变化

可以看出，使用缓蚀剂的样品接触电阻没有出现显著增加，而未使用缓蚀剂的样品，接触电阻出现了巨幅增加，由此可以认定出现了电接触失效。使用缓蚀剂的样品插针和插孔虽然出现了腐蚀现象，但测试的 4 个位置的腐蚀产物尚未对导电性能产生明显的影响，由此可以推测其腐蚀程度相对较低，腐蚀产物的深度较浅、数量相对较少；未使用缓蚀剂的样品，在中心位置的 28 号插孔/插针上出现了严重的腐蚀，腐蚀产物堵塞了插针和插孔之间的电接触，导致接触电阻剧增，尽管其余 3 个测试位置的接触电阻较第一阶段没有明显变化，但接触电阻平均值表现为剧增。

由此可见，使用电性能变化表征腐蚀演化进程具有一定的滞后性。

2）DD 系列电连接器

DD 系列电连接器第二阶段的接触电阻变化如图 4－8 所示。可以看出，在连接状态试验 14 d 后，各样品的接触电阻没有明显变化。在打开状态下，使用 H1 的样品在打开状态 1.5 d 后接触电阻显著增加到 90 mΩ 以上，并在后续试验中持续增加，检查测试结果发现，10 号、28 号、40 号位置的接触电阻均有明显增加；使用 H2 的样品在 4.5 d 后接触电阻剧增，测试结果表明 10 号位置的接触电阻增加了约 10 mΩ，16 号位置增加至超出了仪器量程；使用 H3 的样品同样在 4.5 d 后接触电阻剧增，16 号、40 号位置的接触电阻超出了仪器量程，10 号、28 号的则增加至 500 mΩ 以上；未使用缓蚀剂的样品在 4.5 d 由于出现剧增，注意是 16 号位置的接触电阻增加至 8 600 mΩ 以上，但在 12.5 d 试验后又恢复到正常水平，推测是由于腐蚀产物在新一轮试验中发生了溶解。

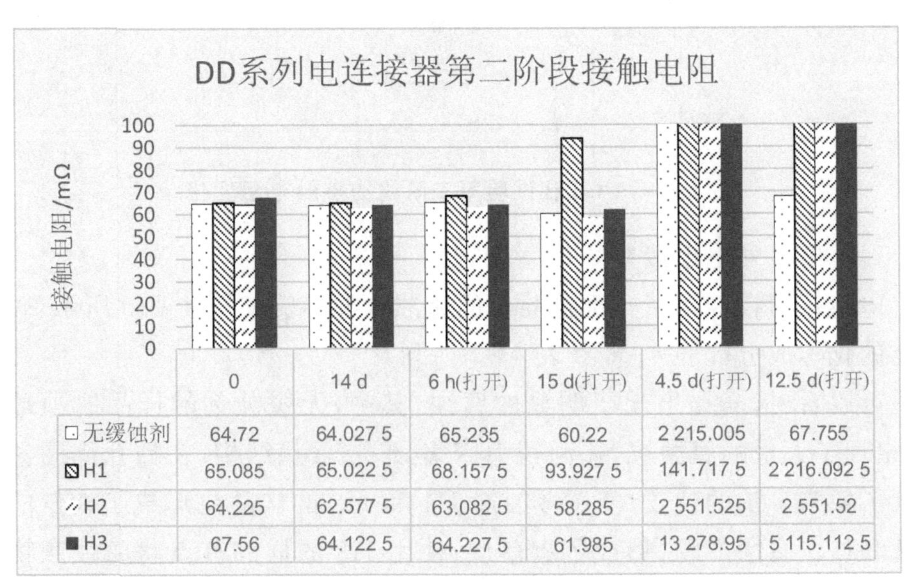

	0	14 d	6 h(打开)	15 d(打开)	4.5 d(打开)	12.5 d(打开)
无缓蚀剂	64.72	64.027 5	65.235	60.22	2 215.005	67.755
H1	65.085	65.022 5	68.157 5	93.927 5	141.717 5	2 216.092 5
H2	64.225	62.577 5	63.082 5	58.285	2 551.525	2 551.52
H3	67.56	64.122 5	64.227 5	61.985	13 278.95	5 115.112 5

图 4－8　DD 系列电连接器在试验第二阶段接的触电阻变化

3）PCB

PCB 在试验第二阶段的接触电阻值如图 4－9 所示。可以看出，在酸性盐雾试验中 PCB 的接触电阻有较大幅度的增加，未使用缓蚀剂的样品电阻最终增加了约 22 mΩ，增幅约 50％；使用缓蚀剂的样品同样有了较大幅度的增加，最终增加了约 15 mΩ，但接触电阻一直低于未使用缓蚀剂的样品。

(3) 微观分析

对 DD 系列电连接器和 PCB 在全部试验完成后进行了扫描电镜能谱分析。

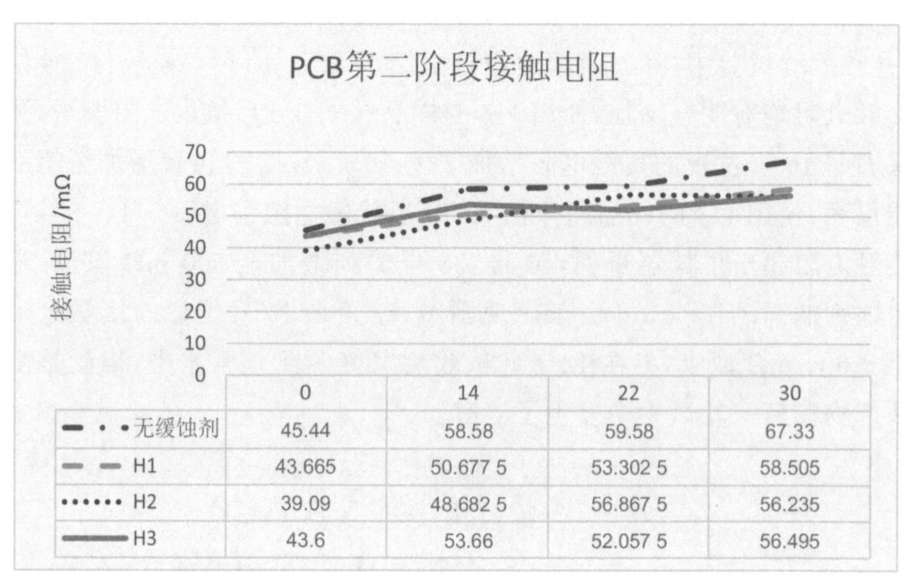

	0	14	22	30
无缓蚀剂	45.44	58.58	59.58	67.33
H1	43.665	50.677 5	53.302 5	58.505
H2	39.09	48.682 5	56.867 5	56.235
H3	43.6	53.66	52.057 5	56.495

图 4-9　PCB 在试验第二阶段的接触电阻变化

1) DD 系列电连接器

电连接器在经历了全部试验后的腐蚀放大形貌如图 4-10 所示，腐蚀产物的化学成分如表 4-6 和表 4-7 所列。

可以看出，插孔出现了明显的腐蚀，其中，无缓蚀剂的样品腐蚀最严重，出现了大量的腐蚀坑，孔洞较为密集，形成絮状结构，在插孔周围甚至出现了数毫米长的裂纹；使用缓蚀剂 H1 和 H2 的样品也形成了大量的腐蚀坑和点状腐蚀产物，形成了剥落层；使用 H3 的样品有点状腐蚀产物生成，但未见明显的腐蚀坑和剥落层，腐蚀情况相对较轻。腐蚀产物主要成分(按原子百分比)为 C、Na、O、Cl 四种元素，腐蚀产物应为碳酸化合物和氯化物。而天然暴露试验插孔的主要成分(按原子百分比)为 C、O、Ca、Al 四种元素。

插针表面腐蚀产物的主要(按原子百分比)成分为 C、O、Na、Cl 四种元素，腐蚀产物应为碳酸化合物和氯化物。加速试验后插针表面未发现 Au 元素，说明表面镀金层已经全部腐蚀。无缓蚀剂的样品中未检测到 Ni 元素，说明插孔表面的镀镍层应该已经全部腐蚀，而使用缓蚀剂的样品中 Ni 元素质量分数在 1%左右，说明镀镍层尚未完全腐蚀，体现了一定的防腐蚀作用。

表 4－6　DD 系列电连接器腐蚀产物的成分(插孔)

元　素	无缓蚀剂		元　素	H1		元　素	H2		元　素	H3	
	Wt/%	At/%		Wt/%	At/%		Wt/%	At/%		Wt/%	At/%
C	32.55	47.18	C	23.66	40.04	C	26.69	44.12	C	55.21	71.68
O	22.75	24.76	O	13.00	16.51	O	13.86	17.20	O	14.94	14.57
Na	22.05	16.70	Ni	01.29	00.45	Ni	00.94	00.32	Na	06.79	04.61
Mg	01.37	00.98	Cu	01.46	00.47	Na	22.39	19.33	Mg	00.20	00.13
Cl	20.19	09.92	Na	24.87	21.99	Mg	00.64	00.52	Al	00.17	00.10
Ca	01.08	00.47	Mg	00.78	00.65	Cl	29.97	16.79	S	00.45	00.22
/	/	/	S	00.55	00.35	Cu	05.50	01.72	Cl	14.36	06.31
/	/	/	Cl	31.86	18.26	/	/	/	Ca	01.81	00.70
/	/	/	Ca	02.52	01.28	/	/	/	Fe	04.97	01.39
/	/	/	/	/	/	/	/	/	Ni	01.11	00.29

注:表中,Wt 为重量百分比,At 为原子数百分比。

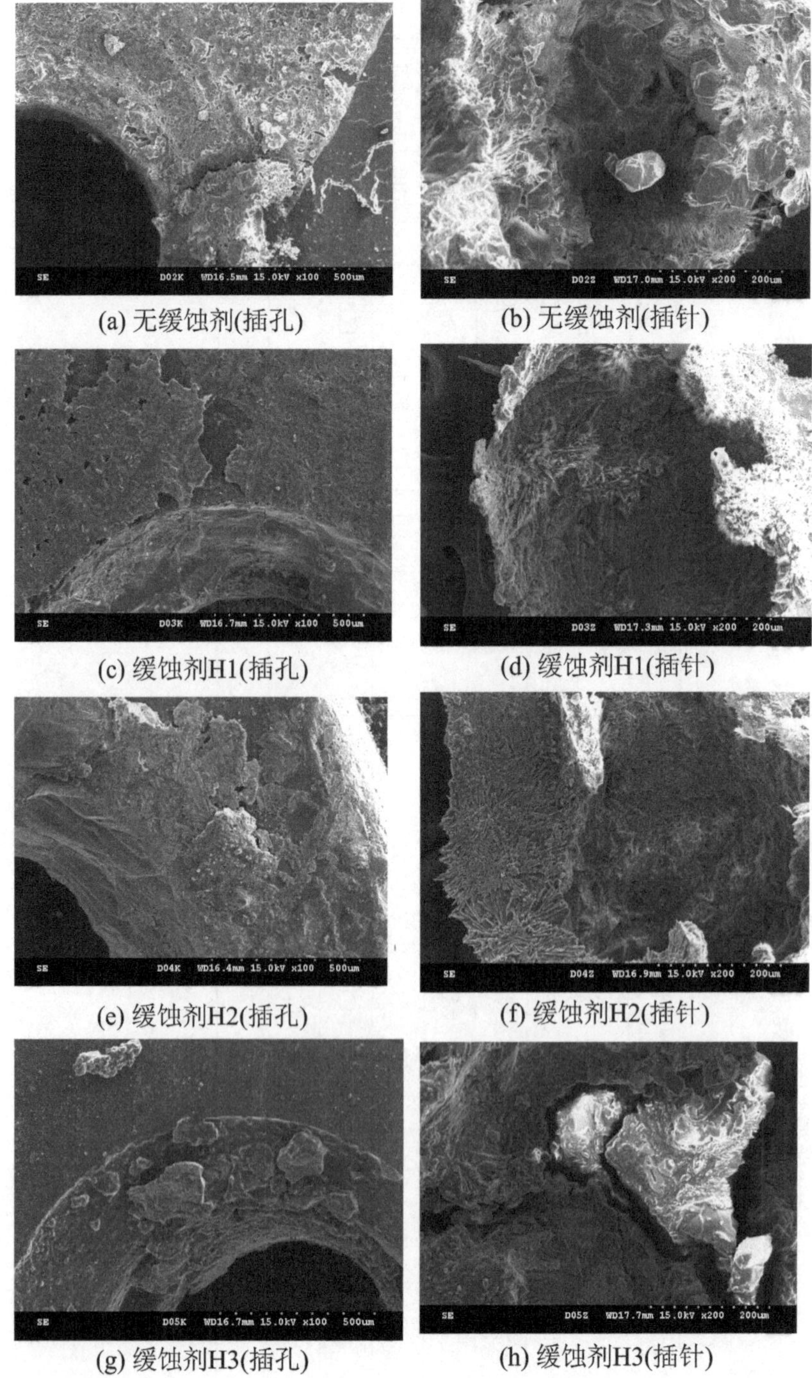

(a) 无缓蚀剂(插孔)　(b) 无缓蚀剂(插针)

(c) 缓蚀剂H1(插孔)　(d) 缓蚀剂H1(插针)

(e) 缓蚀剂H2(插孔)　(f) 缓蚀剂H2(插针)

(g) 缓蚀剂H3(插孔)　(h) 缓蚀剂H3(插针)

图 4－10　DD 系列电连接器的腐蚀形貌

表 4－7　DD 系列电连接器腐蚀产物的成分(插针)

元　素	无缓蚀剂		H1		H2		H3	
	Wt/%	At/%	Wt/%	At/%	Wt/%	At/%	Wt/%	At/%
C	22.94	35.59	26.35	37.58	41.96	53.02	53.17	66.16
O	26.53	30.91	36.02	38.57	35.00	33.21	21.24	19.85
Na	24.35	19.74	21.61	16.11	16.83	11.11	13.91	09.05
Cl	26.18	13.76	16.03	07.74	06.21	02.66	11.16	04.70
S	/	/	/	/	/	/	00.52	00.24

2）PCB

PCB 在全部试验后的腐蚀形貌如图 4－11 所示，腐蚀产物成分如表 4－8 所列。可以看出，各样品的引线孔均发生了较严重的腐蚀，形成大量腐蚀产物呈堆积状粘附在金属全部表面，使引线孔失去了原本的白色金属光泽。腐蚀产物结构比较疏松，与金属基体之间容易结合力较小。

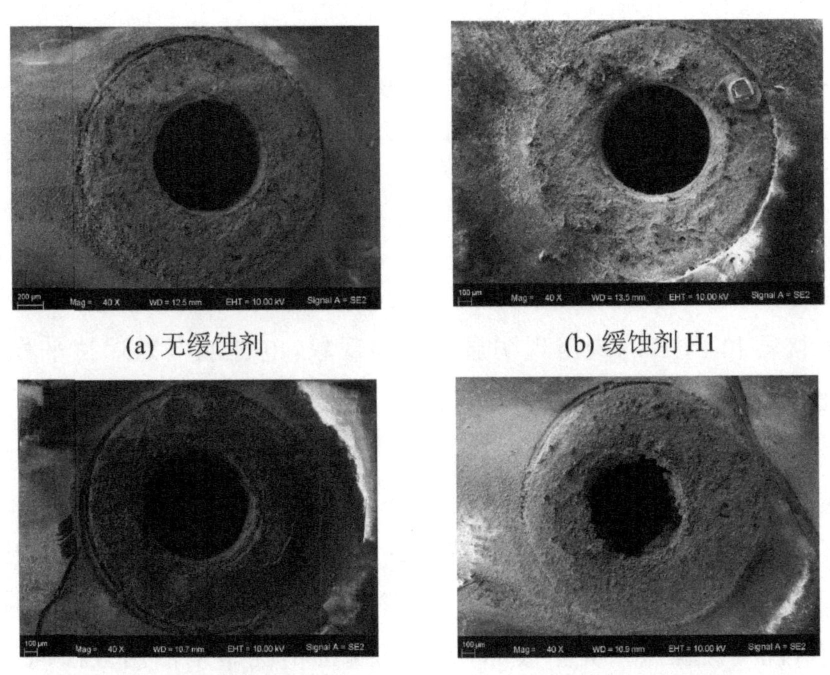

(a) 无缓蚀剂　(b) 缓蚀剂 H1

(c) 缓蚀剂H2　(d) 缓蚀剂 H3

图 4－11　PCB 腐蚀形貌

各样品腐蚀产物的主要元素成分基本一致，产物以碳酸化合物和氯化物为主。值得注意的是，Na 的原子含量低于 Cl，基本可以排除 Cl 元素是盐雾残留的可能，应是氯离子与金属之间不断发生化学反应形成了氯化物固体残留在表面。

表 4－8　PCB 腐蚀产物成分

元　素	无缓蚀剂		H1		H2		H3	
	Wt/%	At/%	Wt/%	At/%	Wt/%	At/%	Wt/%	At/%
C	07.56	23.56	35.19	65.25	12.87	23.28	06.01	15.74
O	22.47	52.55	17.75	24.71	43.72	59.36	26.60	52.26
Cu	02.67	01.58	01.12	00.39	14.78	05.05	31.48	15.57
Na	00.56	00.91	00.61	00.59	08.29	07.83	02.15	02.94
Si	00.42	00.55	00.39	00.31	00.42	00.32	/	/
Pb	08.27	01.49	05.93	00.64	03.00	00.31	06.15	00.93
Cl	01.42	01.50	01.80	01.13	00.44	00.27	08.45	07.49
Sn	56.62	17.85	37.22	06.98	15.60	02.86	19.16	05.07
Al	/	/	/	/	00.88	00.71	/	/

4.1.3　结　论

① 试验第一阶段，在湿热和中性盐雾交替试验下，不同种类不同状态的电连接器和 PCB 均未出现明显的腐蚀现象，电性能参数保持平稳，无明显变化。

② 试验第二阶段，在酸性盐雾试验下各样品均发生了腐蚀。其中，CC 系列电连接器在打开状态进行 6 轮循环后出现了腐蚀。

③ DD 系列电连接器在打开状态试验 12.5 d 后插针和插孔均出现了较严重的腐蚀，插针镀金层已经全部腐蚀，但使用缓蚀剂样品仍能检测到 Ni 元素，说明镀镍层未完全破坏；插孔的腐蚀情况是未使用缓蚀剂的样品最严重，使用 H3 缓蚀剂的样品相对较轻。接触电阻出现剧增甚至超出仪器量程，其中，使用 H1 缓蚀剂的样品电阻增加出现的时间最早。

④ PCB 在试验的第二阶段结束后均出现了严重的腐蚀，未使用缓蚀剂的样品接触电阻增加了约 50%，高于使用缓蚀剂的样品。引线孔表面生成了大量疏松的腐蚀产物，应为碳酸化合物和氯化物。

4.2　典型电子元器件西沙自然环境试验

4.2.1　试验对象

本试验的试验对象是 4 种电连接器（A、B、C、D 系列）和 PCB，其中 4 种电连接器的数量分别是 12、12、8、8，PCB 的数量是 16，每种样品又分为使用 H1、H2、H3 三种不同类型的缓蚀剂及不使用缓蚀剂 4 种状态。

4.2.2　试验方法

1. 试验方式

采用棚下暴露试验，试验如图 4-12 所示。

2. 试验时间

暴露试验自 2019 年 1 月开始。PCB 的试验时间为 1 年，每三个月进行一次取样，每次取样 4 件，不使用缓蚀剂和使用三种不同缓蚀剂的样品各 1 件。

电连接器进行长期暴露试验。在试验 18 个月时，取回 B、C、D 系列电连接器 4 种状态的样品各 1 件，其余样品仍继续进行暴露试验。

4.2.3　试验结果分析

1. 外观检查

对取回的 B、C、D 系列电连接器和 PCB 进行外观检查。由于各电连接器的外观保持完好，内部的插针和插孔也未发生明显腐蚀，因此图 4-13 仅给出每种样品未使用缓蚀剂状态的外观。

相对而言，PCB 的腐蚀比较严重（图 4-14）。试验 3 个月时，引线孔均未出现明显腐蚀。试验 6 个月时，未使用缓蚀剂的样品出现了轻微的腐

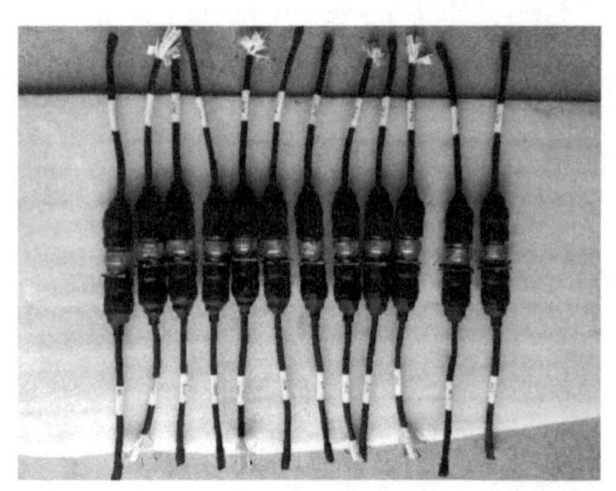
(a) 电连接器A

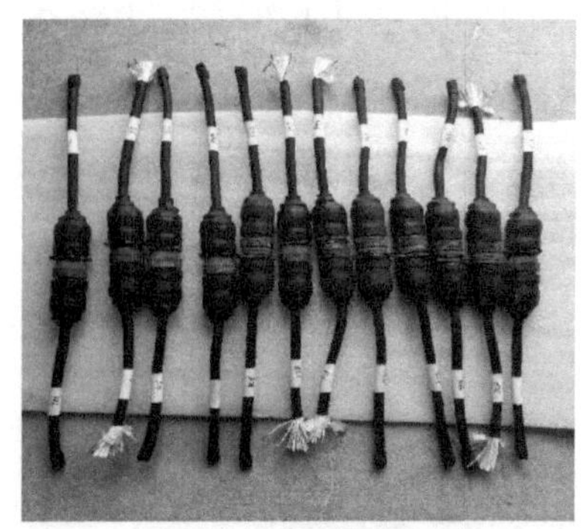
(b) 电连接器B

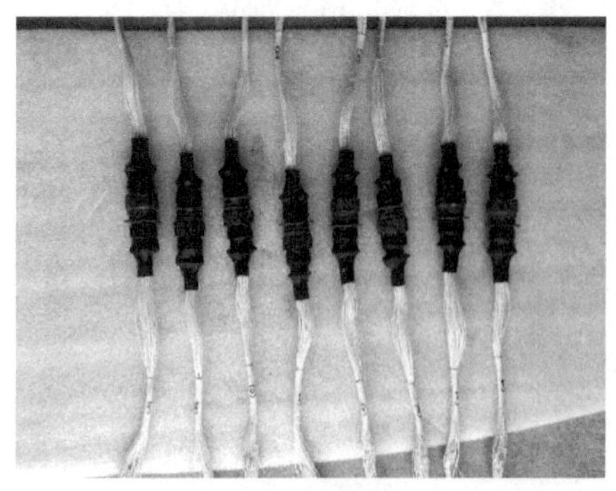
(c) 电连接器C

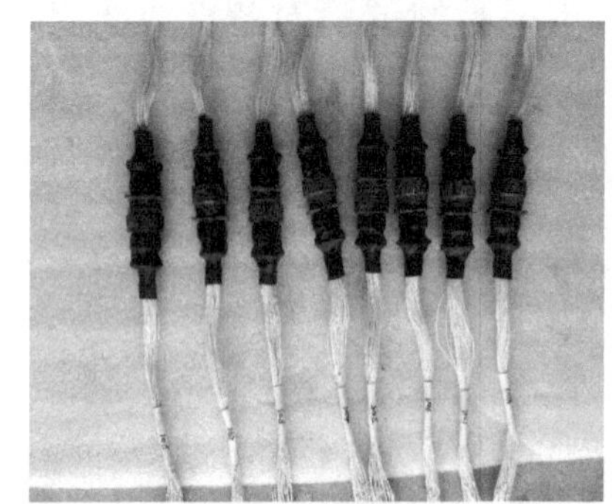
(d) 电连接器D

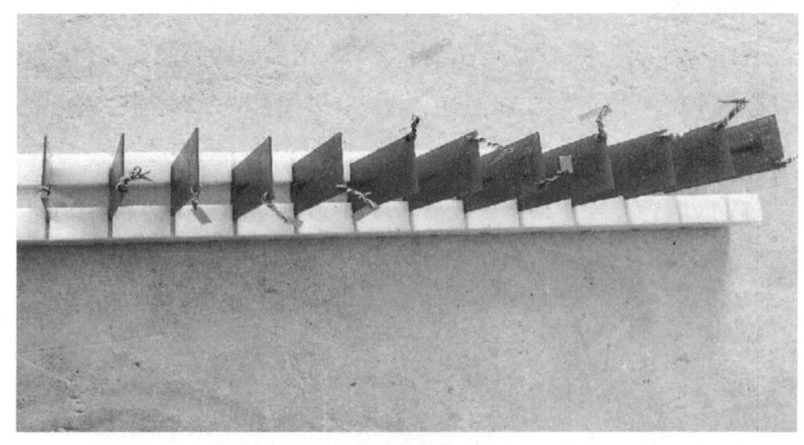
(e) PCB

图 4-12 西沙暴露试验的照片

蚀，有少量引线孔表面生成了黄色产物，使用缓蚀剂的样品未见腐蚀。试验 9 个月时，未使用缓蚀剂的样品腐蚀已经非常严重，几乎全部引线孔周围均堆积了大量的腐蚀产物,产物颜色为深褐色。使用 H1、H2 的样品未见明显腐蚀,使用 H3 的样品有少量引线孔表面出现了少量淡黄色腐蚀产物。试验 12 个月时,未使用缓蚀剂的样品已经全部腐蚀,表面堆积大量黑色产物;使用 H1、H3 的样品也出现了一定程度的腐蚀,部分引线孔有黄色腐蚀产物堆积;使用 H2 的样品腐蚀程度最轻微,部分引线孔周围堆积了少量产物,产物颜色较浅。

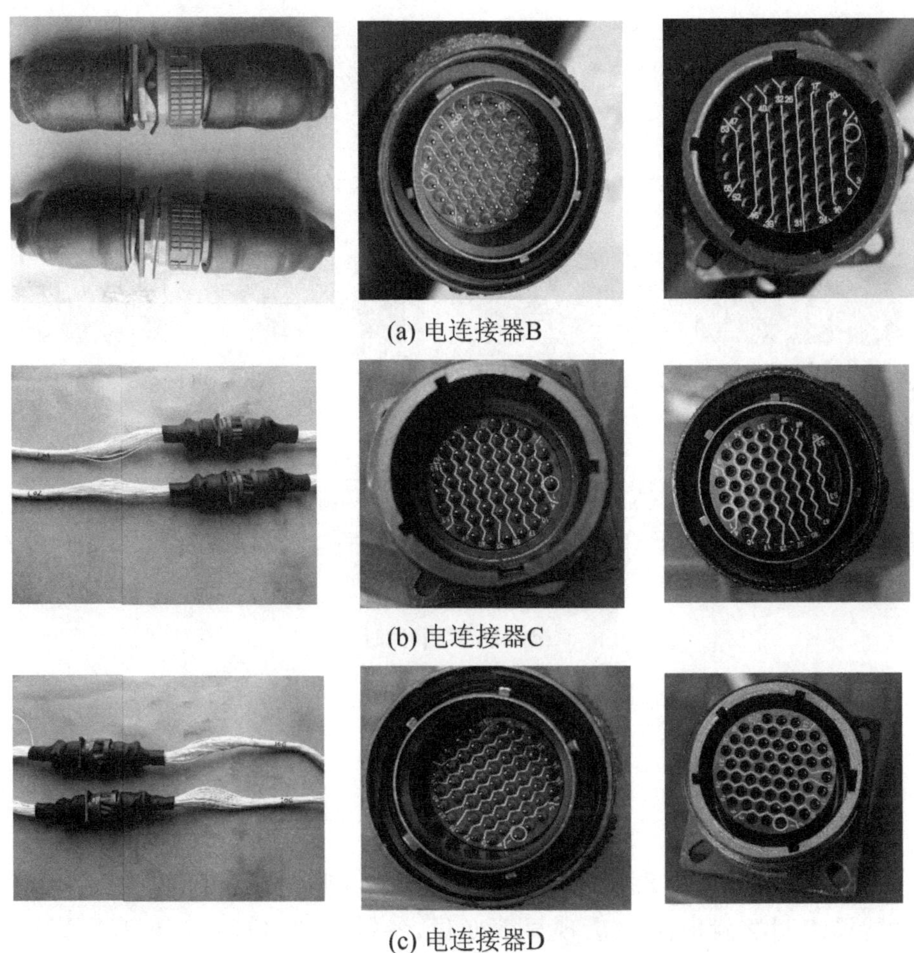

(a) 电连接器B

(b) 电连接器C

(c) 电连接器D

图 4-13　电连接器的外观

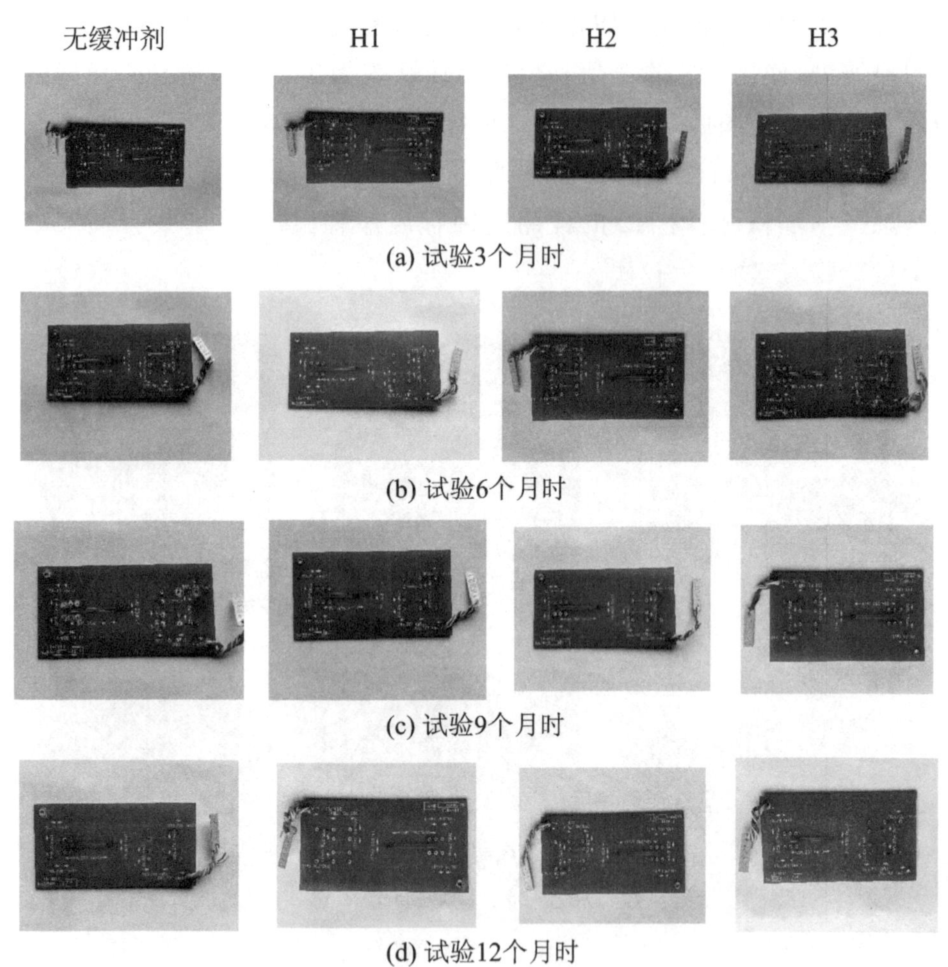

图 4-14 处于不同试验时期 PCB 的外观

2. 电性能

(1) 电连接器

对 B、C、D 三种电连接器的接触电阻进行测试，结果如图 4-15 所示。测试结果表明接触电阻未出现显著变化，各样品的电接触性能良好。

(2) PCB

对 PCB 在试验 3、6、9、12 个月时分别进行了接触电阻测试，结果如图 4-16 所示。可以看出，未使用缓蚀剂样品的接触电阻高于使用缓蚀剂的样品；接触电阻与时间呈整体上升趋势，基本与腐蚀程度正相关。但是未使用缓蚀剂的样品在试验 12 月时接触电阻出现了较大幅度的下降，这

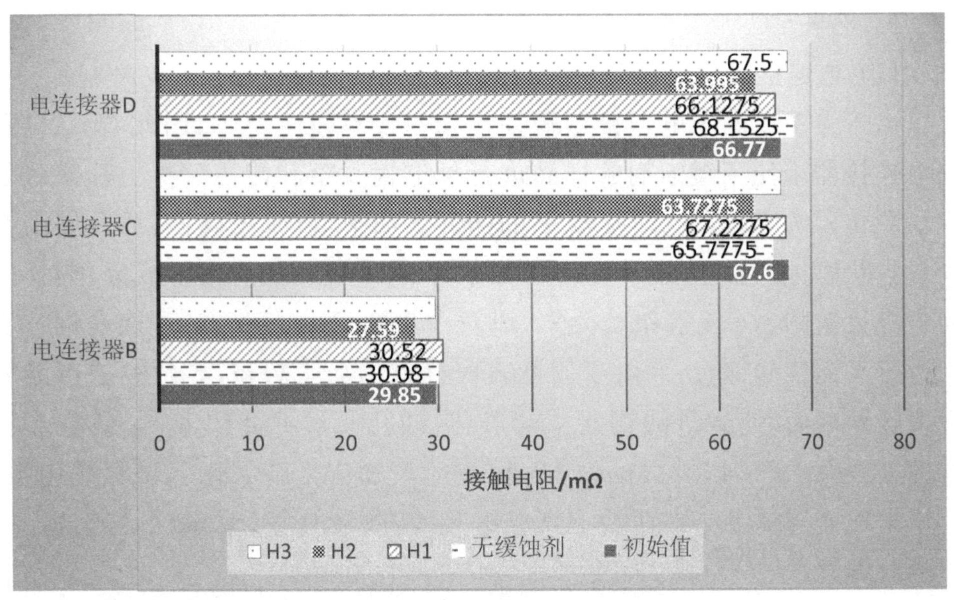

图 4-15　电连接器的接触电阻

可能是腐蚀深度的加深致使内层引线暴露导致的。

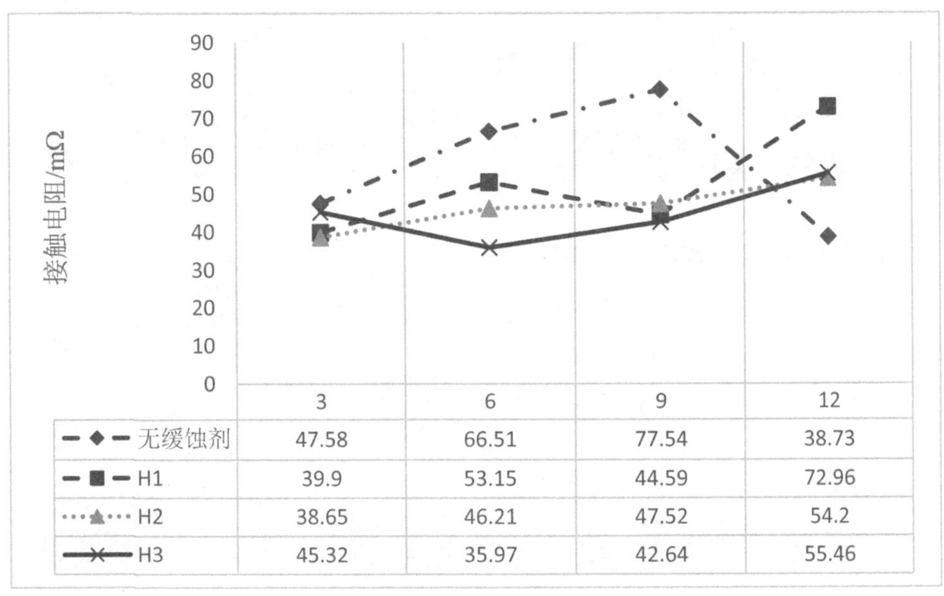

	3	6	9	12
无缓蚀剂	47.58	66.51	77.54	38.73
H1	39.9	53.15	44.59	72.96
H2	38.65	46.21	47.52	54.2
H3	45.32	35.97	42.64	55.46

图 4-16　PCB 的接触电阻

3. 微观分析

(1) 电连接器

由于自然暴露下电连接器短期内几乎没有发生腐蚀，因此对C、D系列电连接器未使用缓蚀剂的样品进行了电镜观察和能谱分析。其微观形貌如图4－17所示。电连接器C的插针表面平整，未见腐蚀；插孔周围有少量点状腐蚀产物生成。表4－9给出了插针和插孔的化学成分，插针表面含有大量的Au元素和C元素，以及少量的Cu、Ni和O，可能是铜针表面进行了镀镍和镀金，而由于插针表面存在的加工缺陷，导致镀层不能完全覆盖铜表面，使微量的铜元素被氧化；插孔元素种类较多，主要是C和O，其次为Al、Ca，以及微量的Na和Mg，产物应为碳酸化合物和氧化物。由于电连接器样品是在西沙上完成组装的，微量的Na元素应是来自大气中的盐雾沉积。

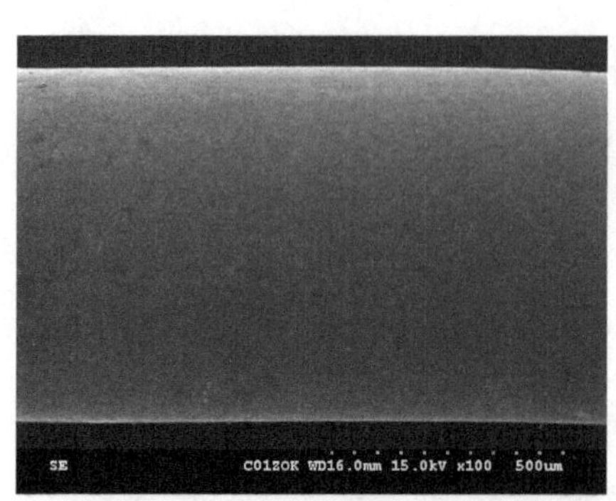

(a) 电连接器C(插针)

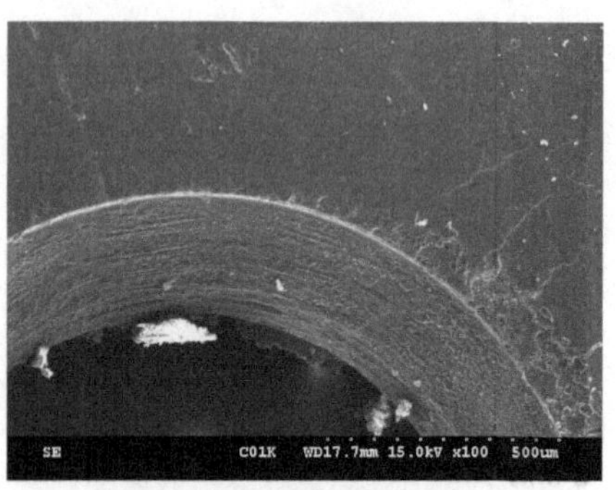

(b) 电连接器C(插孔)

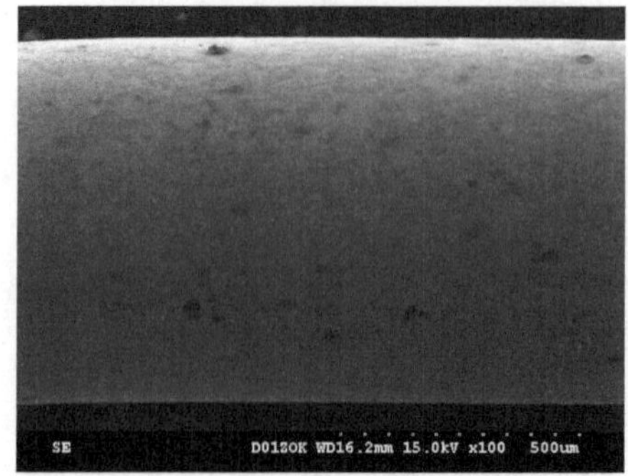

(c) 电连接器D(插针)

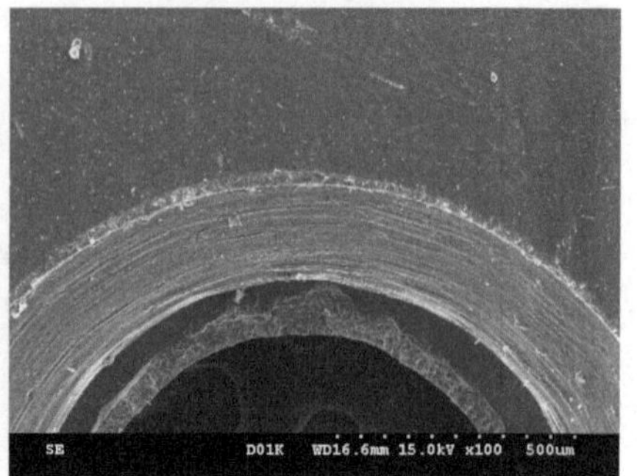

(d) 电连接器D(插孔)

图4－17　电连接器的微观形貌

电连接器D的插针表面有若干个突起，可能是加工缺陷形成的，其元素成分与电连接器C一致。插孔表面有较多的点状腐蚀产物，腐蚀形貌及成分与电连接器C一致。

表4-9　电连接器的化学成分

元　素	C(插针)		D(插针)		元　素	C(插孔)		D(插孔)	
	Wt/%	At/%	Wt/%	At/%		Wt/%	At/%	Wt/%	At/%
C	12.20	62.06	17.03	69.94	C	39.93	52.76	39.44	52.23
O	01.47	05.63	01.66	05.11	O	36.81	36.52	37.35	37.13
Au	78.21	24.25	73.02	18.29	Na	00.41	00.28	00.34	00.23
Ni	03.29	03.42	03.64	03.06	Al	06.58	03.87	06.15	03.62
Cu	04.83	04.64	04.65	03.61	Si	00.73	00.41	00.40	00.23
/	/	/	/	/	Ca	15.55	06.16	16.03	06.36
/	/	/	/	/	Mg	/	/	00.30	00.20

(2) PCB

对自然暴露12个月的PCB进行电镜观察和能谱分析，结果如图4-18所示。可以看出，各样品均发生了严重的腐蚀。未使用缓蚀剂的样品腐蚀最严重，引线孔被大量黑色产物覆盖，形成多处鼓泡。使用缓蚀剂H1和H2的样品引线孔表面也被腐蚀产物完全覆盖，形成了较多数量的鼓泡。使用H3缓蚀剂的样品引线孔表面被较多的黑色产物覆盖，部分区域呈现白色金属光泽，可能是表面腐蚀产物由于外力作用而脱落。通过元素分析可知，各样品腐蚀产物的主要成分是Sn、O、C和Pb，其次为少量的Cl、Na等，产物应是基材Sn和焊料中Pb的氧化物及少量氯化物。

4.2.4　结　论

通过上述分析可知：

① 西沙试验站棚下暴露试验18个月后，各电连接器外壳、插针和插孔外观均未出现明显腐蚀。对两种相似牌号的电连接器(C、D系列)的插针和插孔进行电镜观察和能谱分析，表明插针未见腐蚀产物，插孔有少量点状腐蚀产物生成。两种牌号的电连接器的腐蚀产物成分基本相同。

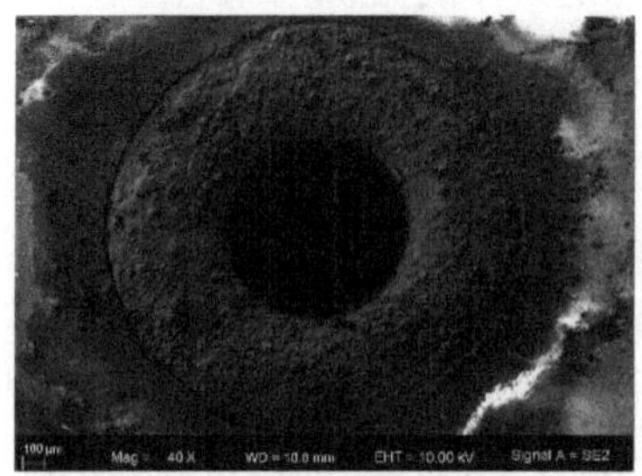

Element	Wt/%	At/%
CK	04.72	14.36
OK	26.87	61.40
CuL	01.20	00.69
PbM	02.49	00.44
ClK	03.09	03.19
SnL	60.06	18.50
CaK	01.57	01.43

(a) 无缓冲剂

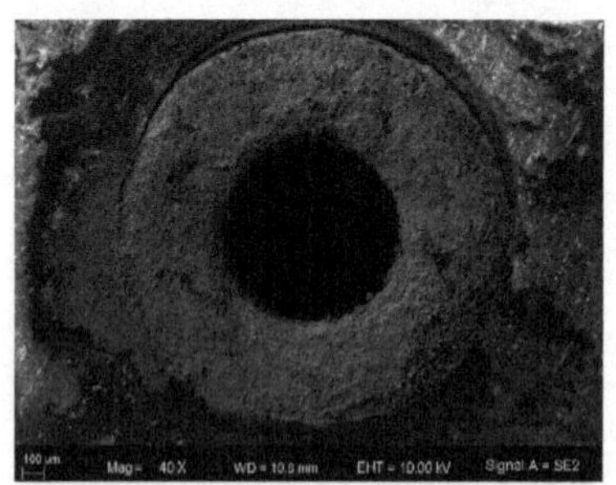

Element	Wt/%	At/%
CK	09.66	23.50
OK	32.4	59.20
CuL	00.46	00.21
NaK	01.41	01.79
PbM	12.87	01.81
ClK	00.74	00.61
SnL	37.42	09.21
CaK	05.02	03.66

(b) 缓冲剂H1

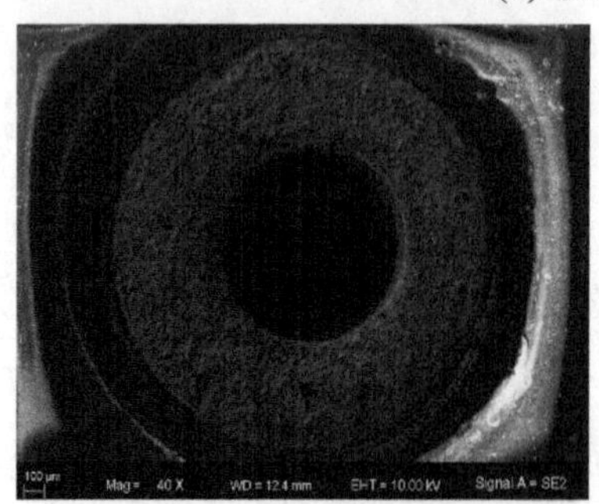

Element	Wt/%	At/%
CK	12.81	31.05
OK	27.08	59.25
CuL	04.73	02.17
NaK	04.60	05.82
MgK	01.61	01.92
PbM	30.00	04.21
ClK	00.81	00.66
SnL	17.52	04.30
CaK	00.84	00.61

(c) 缓冲剂H2

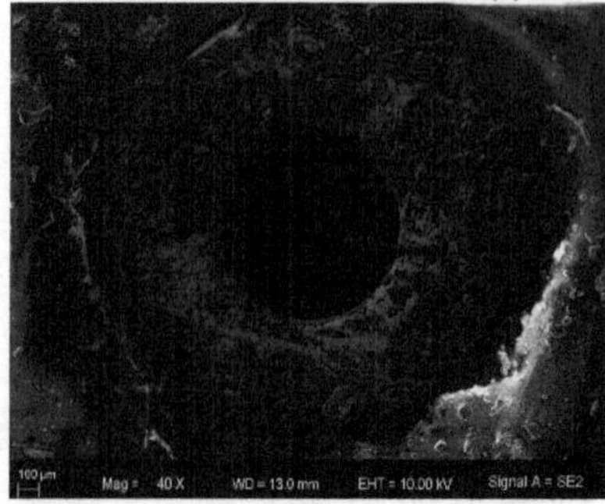

Element	Wt/%	At/%
CK	67.29	76.85
OK	23.62	20.25
CuL	00.55	00.12
NaK	00.68	00.41
MgK	00.52	00.30
AlK	00.63	00.32
SK	01.39	00.59
PbM	02.78	00.18
CaK	02.52	00.98

(d) 缓冲剂H3

图 4－18　PCB 的微观形貌及成分

② PCB 在西沙试验站棚下暴露 1 年内出现了明显的腐蚀，腐蚀主要体现在引线孔。未使用缓蚀剂的样品在试验 6 个月时即出现了较明显的腐蚀，使用 H3 缓蚀剂的样品出现了较明显的腐蚀现象，使用 H1 缓蚀剂的样品在试验 12 个月时出现了较明显的腐蚀现象，使用 H2 缓蚀剂的样品在试验 12 个月时亦出现了腐蚀，但是腐蚀程度较轻。试验 1 年后各样品的腐蚀产物成分基本一致，主要是 Sn 和 Pb 的氧化物及少量氯化物。

③ 电连接器的接触电阻在试验期间基本保持不变，PCB 的接触电阻随试验时间延长不断增加。使用缓蚀剂的样品中，H1 样品的接触电阻增加量最大。

4.3　典型电子元器件海南万宁环境模拟加速试验

4.3.1　试验对象

本试验的试验对象包括电连接器和 PCB 两种电子元器件。电连接器涉及 3 种牌号(编号为 BB、CC、DD)共 16 件、PCB 一种共 13 件。每种电连接器和 PCB 进一步分为使用 3 种不同类型的缓蚀剂及不使用缓蚀剂 4 种状态，具体见表 4 - 10 所列。

表 4 - 10　试验样品的基本信息

序　号	样品种类	数　量	外　观	缓蚀剂使用情况
1	电连接器 BB	6		1 件不使用缓蚀剂 2 件试验缓蚀剂 H1 2 件使用缓蚀剂 H2 1 件使用缓蚀剂 H3
2	电连接器 CC	5		2 件不使用缓蚀剂 1 件试验缓蚀剂 H1 1 件使用缓蚀剂 H2 1 件使用缓蚀剂 H3

续表 4-10

序　号	样品种类	数　量	外　观	缓蚀剂使用情况
3	电连接器 DD	5		2 件不使用缓蚀剂 1 件试验缓蚀剂 H1 1 件使用缓蚀剂 H2 1 件使用缓蚀剂 H3
4	PCB	13		1 件不使用缓蚀剂 4 件试验缓蚀剂 H1 4 件使用缓蚀剂 H2 4 件使用缓蚀剂 H3

4.3.2 试验结果分析

1. 第一阶段

在试验的第一阶段，两种电连接器均保紧密连接状态，试验谱块由湿热试验 42 h+中性盐雾试验 42 h 组成，共进行了 14 轮循环试验。在第一阶段试验的最后两个循环，使 CC 系列的电连接器处于断开状态，让插针和插孔充分暴露于湿热和中性盐雾环境中，DD 系列电连接器继续保持连接状态。

(1) 腐蚀外观

在不同的试验循环时进行了外观拍照，对腐蚀现象进行分析。

1）电连接器

电连接器的腐蚀外观变化如表 4-11 所列。可以看出，在试验第一阶段的湿热+中性盐雾试验条件下，经历 14 轮循环共 49 d，两种电连接器的外部壳体未见明显的腐蚀，表面未见腐蚀产物，镀层保持较完好；在法兰盘棱角、边缘等易腐蚀位置也未见鼓泡、粉化等现象。这表明在经历第一阶段的试验后，电连接器外壳镀层依然具备较好的防腐蚀性能。

CC 系列电连接器在打开状态经历了 2 轮循环试验，对插针和插孔进行观察，未使用缓蚀剂及使用不同缓蚀剂的样品均未见明显的腐蚀斑点和腐蚀产物。

表 4－11　电连接器 CC、DD 系列在试验第一阶段不同试验循环后的腐蚀外观

<table>
<tr><th>循环数</th><th>电连接器 CC 系列</th><th>电连接器 DD 系列</th><th>缓蚀剂</th></tr>
<tr><td rowspan="4">4</td><td>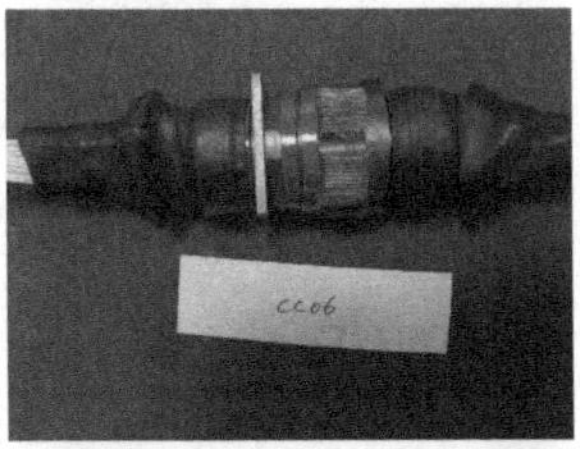
</td><td>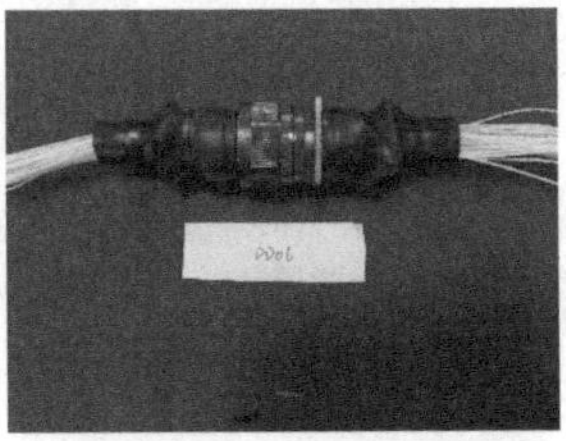
</td><td>无</td></tr>
<tr><td>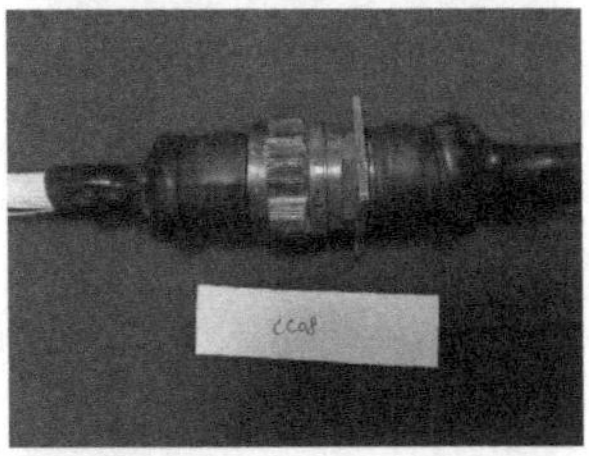
</td><td>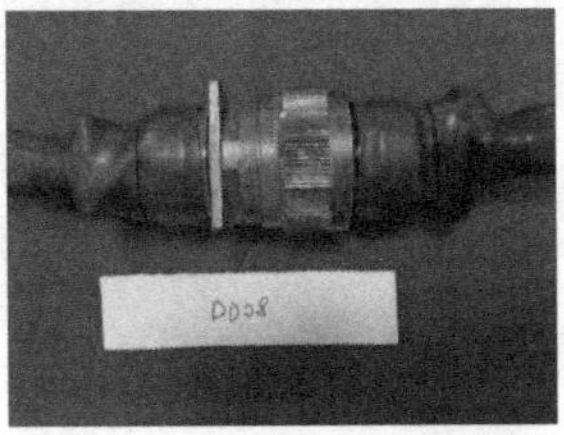
</td><td>H1</td></tr>
<tr><td>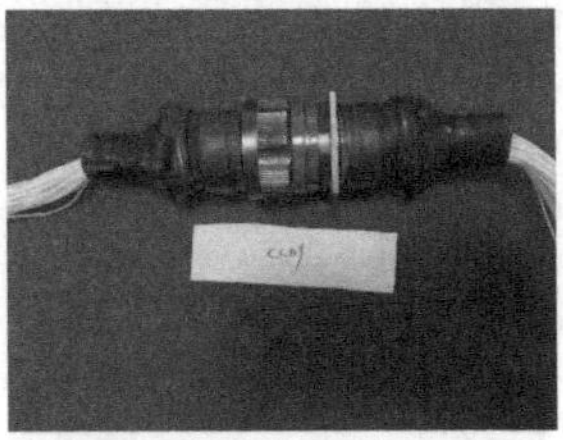
</td><td>
</td><td>H2</td></tr>
<tr><td>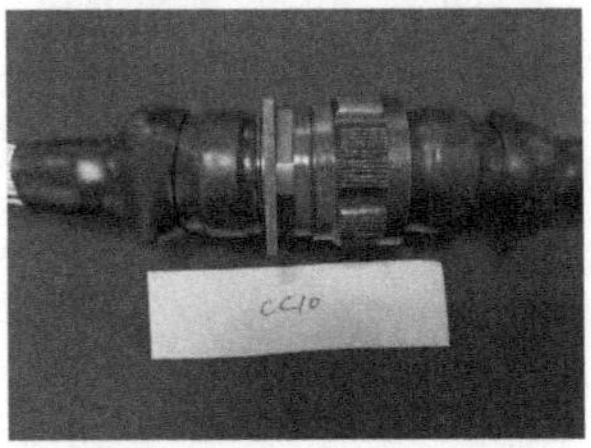
</td><td>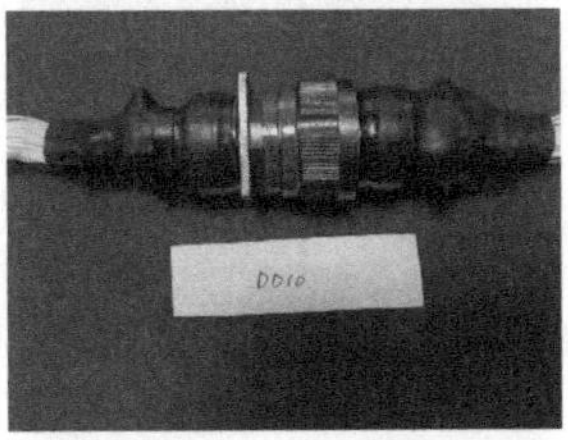
</td><td>H3</td></tr>
</table>

续表 4-11

循环数	电连接器 CC 系列	电连接器 DD 系列	缓蚀剂
10			无
			H1
	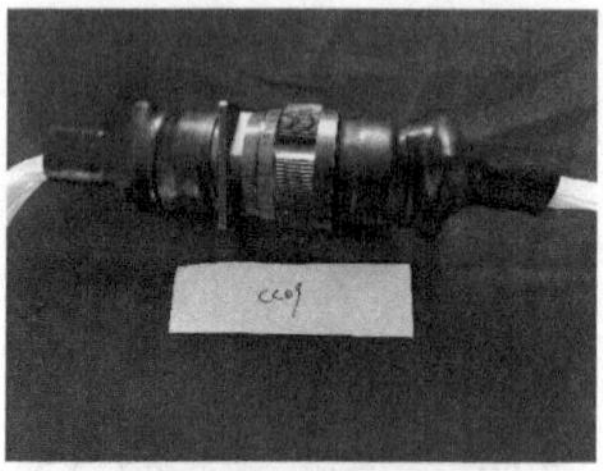	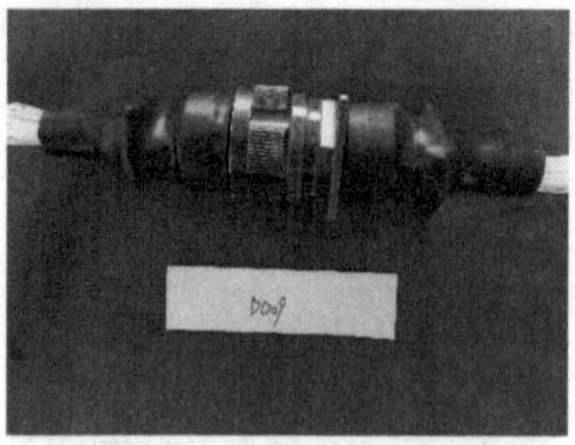	H2
	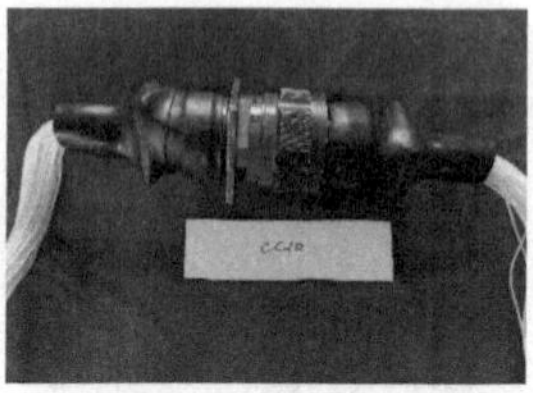		H3

续表 4-11

循环数	电连接器 CC 系列	电连接器 DD 系列	缓蚀剂
14	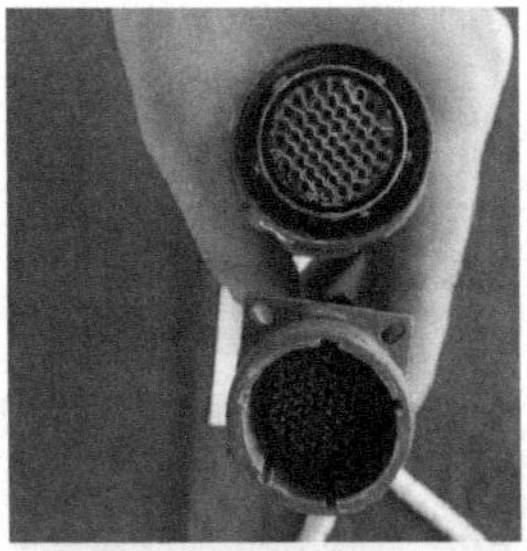		无
	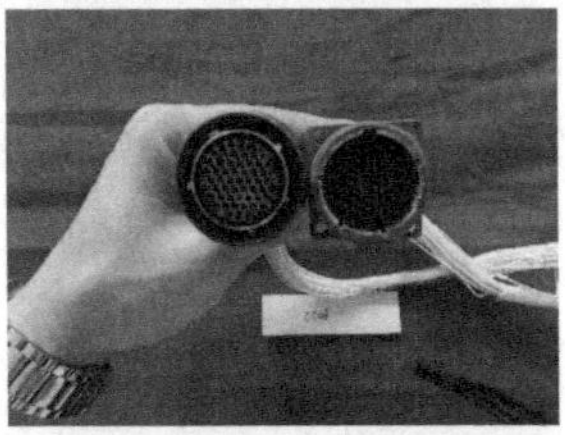		H1
		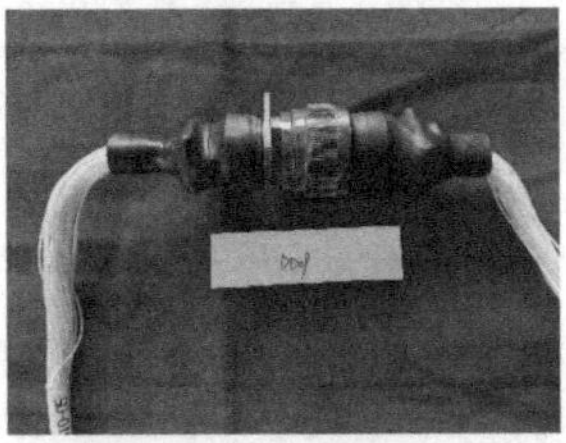	H2
	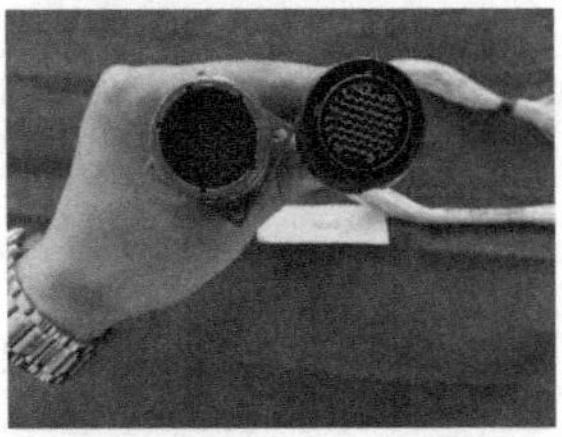		H3

2）PCB

与电连接器样品一致，PCB 在第一试验阶段共进行了 14 轮循环共 49 d 的湿热＋中性盐雾试验。试验期间定期进行了腐蚀外观检查，重点检查了引线孔等易腐蚀部位，未见明显腐蚀现象。表 4-12 给出了第 4、10、14 轮循环中 PCB 的外观照片，代表了第一阶段试验前期、中期和后期的腐蚀外观。

表 4-12　PCB 在试验第一阶段的腐蚀外观

循环数	外　观		缓蚀剂
4			无
			H1
			H2
			H3

续表 4-12

循环数	外　观		缓蚀剂
10			无
			H1
			H2
	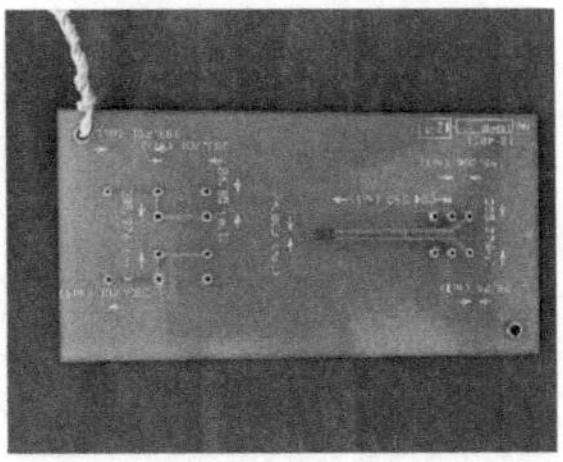	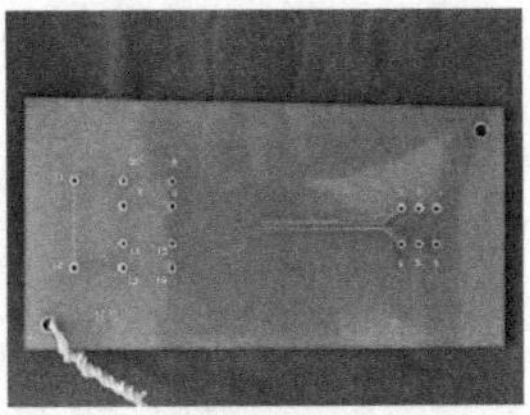	H3

续表 4－12

循环数	外　观		缓蚀剂
14			无
	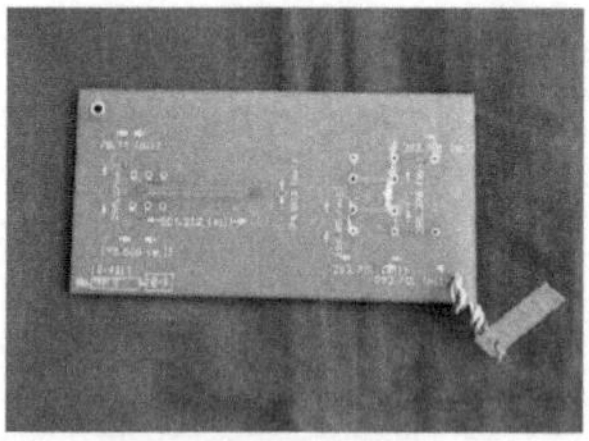		H1
			H2
			H3

(2) 电性能参数

试验期间对电连接器和 PCB 的接触电阻进行测试。对于电连接器，CC 系列和 DD 系列均为 55 针(孔)，试验期间测试了 10 号、16 号、28 号、

40 号位置的四个针孔的接触电阻，测试位置如图 4-19 所示。PCB 测试位置如图 4-20 椭圆形框线位置所示。测试设备为直流低电阻测试仪，型号为 TH22512B，精度为 1$\mu\Omega$，与 4.1.2 小节的图 4-2 相同。

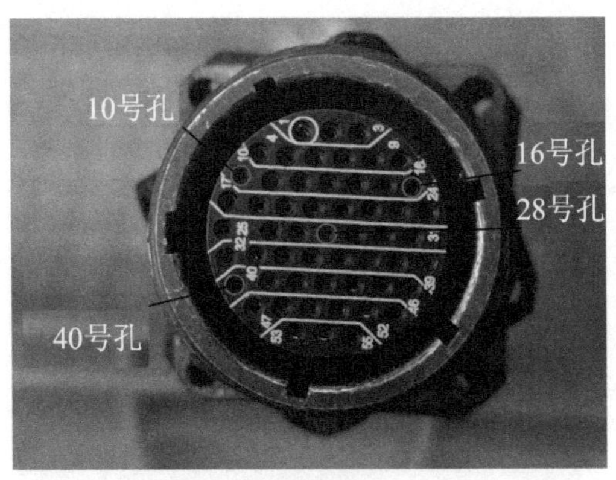

图 4-19　电连接器接触电阻测试位置

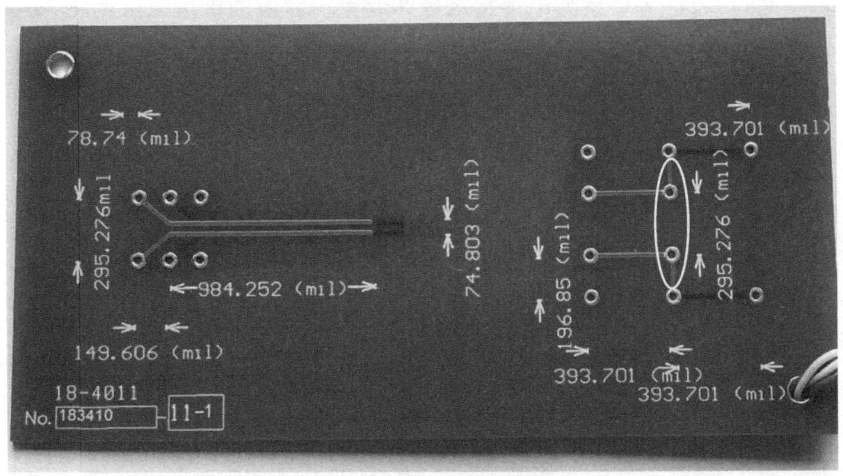

图 4-20　PCB 接触电阻的测试位置(椭圆形框线)

1）电连接器的接触电阻

两种电连接器的接触电阻在试验第一阶段的变化分别如图 4-21 和图 4-22 所示。可以看出，整个试验阶段，各样品的接触电阻整体上保持稳定。不同曲线表现出了相似的轻微波动趋势，这应该与测试实验室的相对湿度有关。

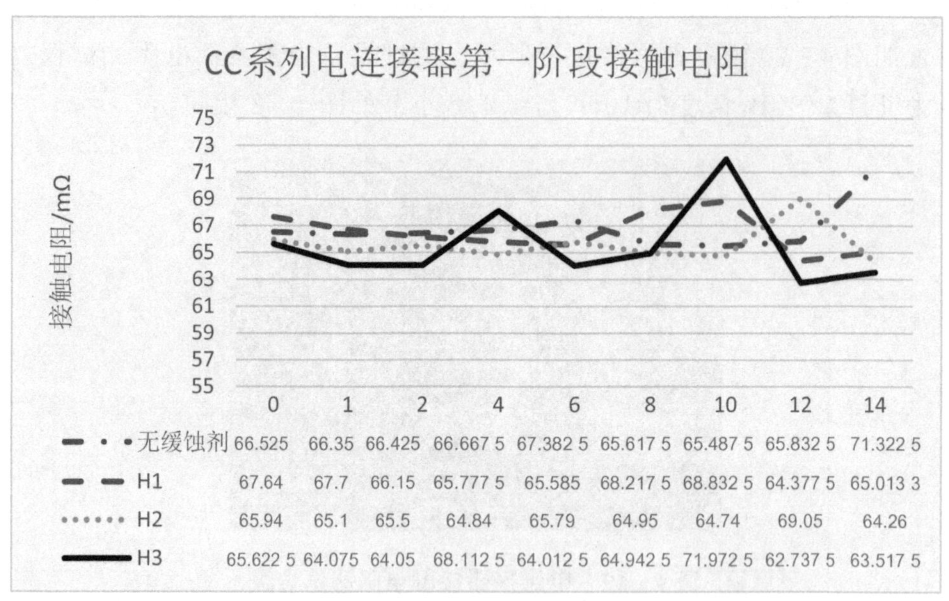

图 4-21 CC 系列电连接器在试验第一阶段的接触电阻变化

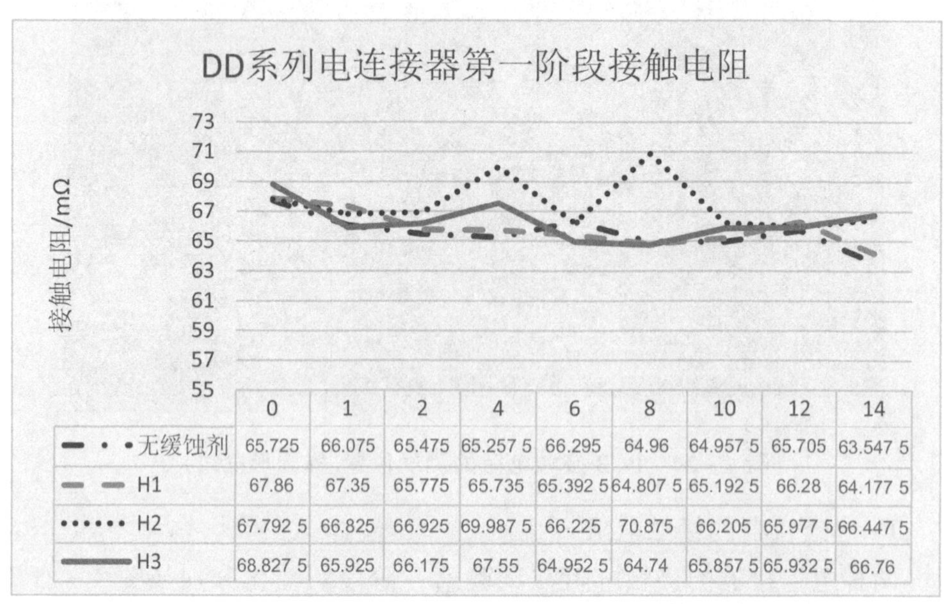

图 4-22 DD 系列电连接器在试验第一阶段的接触电阻变化

2）PCB

PCB 在试验第一阶段的接触电阻如图 4－23 所示。可以看出，接触电阻在 43 mΩ 左右基本保持平稳，最大值与最小值相差约 14 mΩ。各样品的接触电阻具有相似的轻微波动趋势，在第 6 轮循环时接触电阻最大，且在后续测试中又恢复到较低的水平，应是测试环境变化造成的系统性误差。

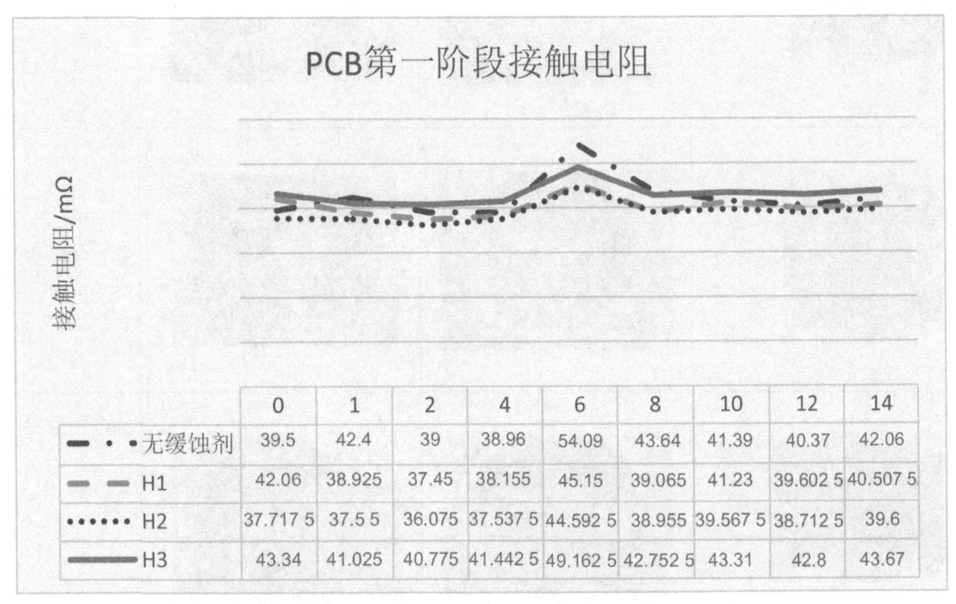

	0	1	2	4	6	8	10	12	14
无缓蚀剂	39.5	42.4	39	38.96	54.09	43.64	41.39	40.37	42.06
H1	42.06	38.925	37.45	38.155	45.15	39.065	41.23	39.602 5	40.507 5
H2	37.717 5	37.5 5	36.075	37.537 5	44.592 5	38.955	39.567 5	38.712 5	39.6
H3	43.34	41.025	40.775	41.442 5	49.162 5	42.752 5	43.31	42.8	43.67

图 4－23　PCB 在试验第一阶段的接触电阻变化

2. 第二阶段

(1) 腐蚀外观

1）电连接器

在第二阶段，CC 系列电连接器在第一阶段试验的基础上，保持打开状态继续进行了 6 轮循环的酸性盐雾试验，外壳镀层未见明显腐蚀现象和腐蚀产物，但插针和插孔出现了较严重的腐蚀现象，多个插针尖端位置出现黄绿色产物，插孔周围有明显的腐蚀产物生成。外观见表 4－13 所列。

DD 系列电连接器第二阶段在连接状态试验 14 d，然后在打开状态分别试验了 6 h、1.5 d、4.5 d 和 12.5 d。电连接器外壳仍未出现显著的腐蚀现象。各样品均有插针尖端涂覆层裸露现象，部分插针底部凝聚了白色结晶物。插孔表面出现了白色聚集物质,插孔周围出现了红褐色腐蚀产物。

表 4-13 电连接器 CC 系列在试验第二阶段的腐蚀外观

整　体	插　针	插　孔	缓蚀剂
CC07			无
CC08			H1
CC09			H2
CC10			H3
整体	插针	插孔	缓蚀剂

2) PCB

PCB 在第二阶段共进行了 30 d 酸性腐蚀试验,试验后腐蚀外观如表 4-14 所列。可以看出,在经历 30 d 酸性盐雾试验后,PCB 的引线孔出现了明显的锈蚀,周围有红色腐蚀产物堆积。

表 4-14　PCB 在试验第二阶段的腐蚀外观

外　观		缓蚀剂
		无
		H1
		H2
		H3

(2) 电性能参数

1) CC 系列电连接器

CC 系列电连接器在第二阶段打开状态试验 6 d 后进行了接触电阻测

试，与第一阶段末次测量结果的对比如图 4－24 所示。

可以看出，使用 H2、H3 缓蚀剂的样品，接触电阻没有出现显著增加，而未使用缓蚀剂的样品，接触电阻出现巨幅增加，由此可以认定出现了电接触失效。使用 H2、H3 缓蚀剂的样品插针和插孔虽然出现了腐蚀现象，但测试的 4 个位置的腐蚀产物尚未对导电性能产生明显的影响，由此可以推测其腐蚀程度相对较低，腐蚀产物的深度较浅、数量相对较少；未使用缓蚀剂和使用 H1 缓蚀剂的样品，在 16 号插孔/插针上出现了严重的腐蚀，腐蚀产物堵塞了插针和插孔之间的电接触，导致接触电阻剧增，尽管其余 3 个测试位置的接触电阻较第一阶段没有明显变化，但接触电阻平均值表现为剧增。

由此可见，使用电性能变化表征腐蚀演化进程具有一定的滞后性。

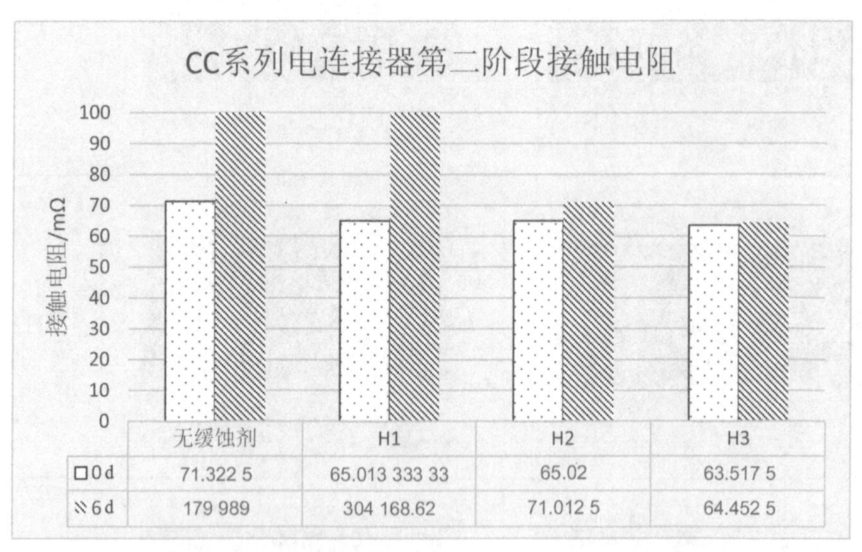

图 4－24　CC 系列电连接器在试验第二阶段的接触电阻变化

2）DD 系列电连接器

DD 系列电连接器第二阶段的接触电阻变化如图 4－25 所示。可以看出，在连接状态试验 14 d 后，各样品的接触电阻没有明显变化。在打开状态下，未使用缓蚀剂的样品在打开状态 1.5 d 后接触电阻显著增加到 2 500 mΩ 以上，并在后续试验中持续增加，检查测试结果发现，16 号、28 号位置的接触电阻均有明显增加；使用 H2 的样品在 4.5 d 后接触电阻剧增，测试结果表明 16 号、28 号、40 号位置的接触电阻均剧增甚至超过了仪器量程；使用 H3 的样品无明显变化；未使用缓蚀剂的样品在 1.5 d 时出现了剧增，主要是 28 号位置的接触电阻已无法测量。

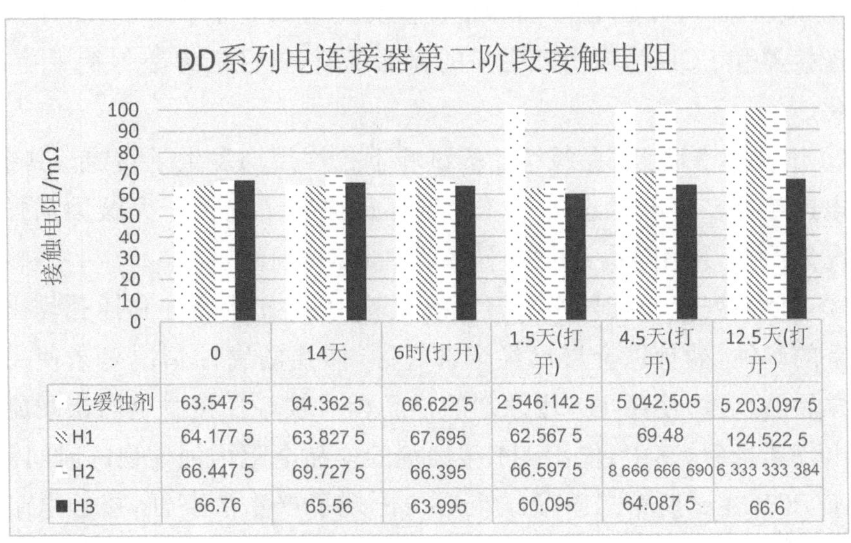

图 4－25　DD 系列电连接器在试验第二阶段的接触电阻变化

3）PCB

PCB 在试验第二阶段的接触电阻值如图 4－26 所示。可以看出，在酸性盐

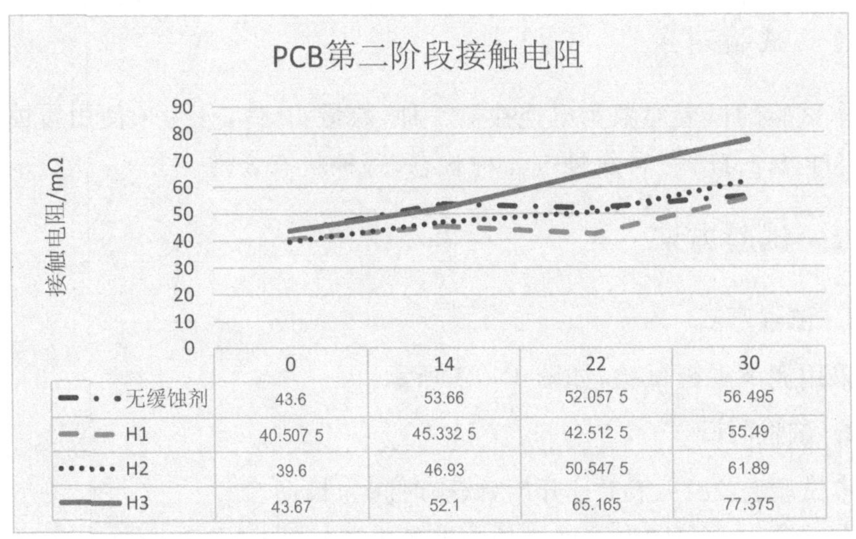

图 4－26　PCB 在试验第二阶段的接触电阻变化

雾试验中 PCB 的接触电阻有较大幅度的增加，最终增加幅度在 50％左右。

4.3.3 结　论

① 试验第一阶段，在湿热和中性盐雾交替试验下，不同种类不同状态的电连接器和 PCB 均未出现明显的腐蚀现象，电性能参数保持平稳，无明显变化。

② 试验第二阶段，在酸性盐雾试验下各样品均发生了腐蚀。其中，CC 系列电连接器在打开状态进行 6 轮循环后出现了腐蚀。无缓蚀剂样品腐蚀情况最严重，使用 H3 缓蚀剂样品腐蚀相对较轻。

③ DD 系列电连接器在打开状态试验 12.5 d 后插针和插孔均出现了较严重的腐蚀，插针镀金层已经全部腐蚀，插孔的腐蚀情况是未使用缓蚀剂的样品最严重，使用 H3 缓蚀剂的样品相对较轻。接触电阻出现剧增甚至超出仪器量程，其中，使用 H1 缓蚀剂的样品电阻增加出现的时间最早。

④ PCB 在试验第二阶段结束后均出现了严重的腐蚀，接触电阻增加了约 50％。

4.4 典型电子元器件海南万宁自然环境试验

4.4.1 试验对象

本试验的试验对象为电连接器 1 种，数量 12 件，分为未使用缓蚀剂及使用 H1、H2、H3 三种缓蚀剂 4 种状态，每种状态 3 件。

4.4.2 试验方法

1. 试验方式

采用棚下暴露试验，如图 4－27 所示。

2. 试验时间

本试验自 2019 年 1 月开始，试验时间为长期。

在试验 18 个月时，取回 4 种状态的电连接器样品各 1 件，其余样品仍继续进行暴露试验。

图 4－27　海南万宁暴露试验的照片

4.4.3　试验结果分析

1. 外观检查

对取回的 4 种状态的样品进行外观检查，外壳涂镀层完好，未见明显腐蚀。样品打开后，插针、插孔未见明显的腐蚀产物生成的，插针底面和插孔表面无异物，如图 4－28 所示。

(a) 电连接器B(无缓冲剂)

图 4－28　电连接器的外观

(b) 电连接器B(缓冲剂H1)

(c) 电连接器B(缓冲剂H2)

(d) 电连接器B(缓冲剂H3)

图 4-28　电连接器的外观(续)

2. 电性能

对取回的四种状态的 B 系列电连接器的接触电阻进行检测,并与西沙同类型电连接器进行对比,如图 4-29 所示。可以看出,万宁站电连接器的接触电阻在 18 个月内没有明显变化;与西沙相同试验时间的接触电阻亦无明显差别。但西沙使用缓蚀剂 H2 的样品的接触电阻较低,应是测量偶然误差所致。

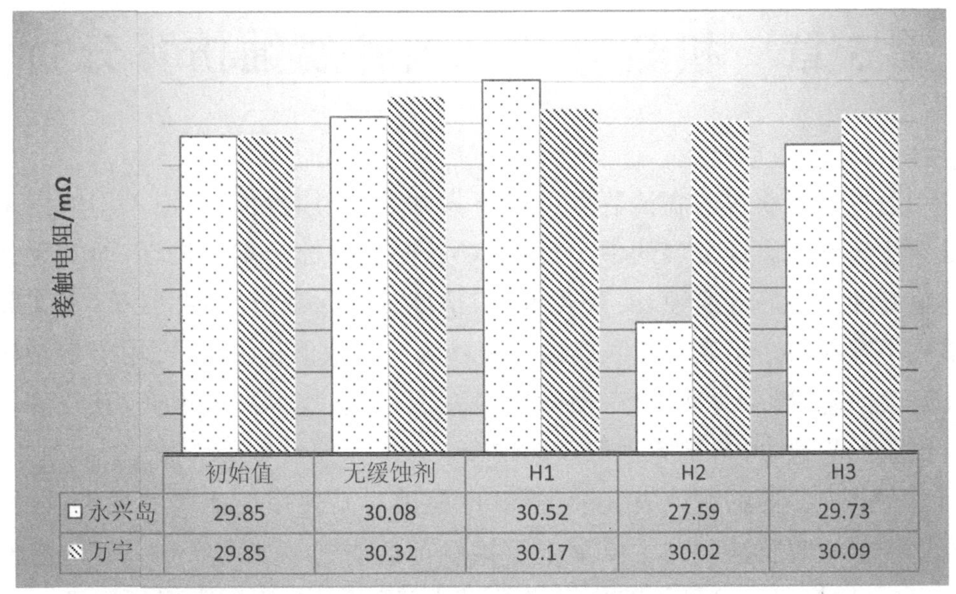

图 4-29 电连接器的接触电阻

4.4.4 结 论

① 万宁棚下暴露试验 18 个月后，4 种状态的电连接器均未见明显腐蚀外观，插针、插孔表面未见异物。

② 4 种状态的电连接器样品接触电阻与初始值比较无明显变化，与同样试验时间的西沙同类型电连接器相比亦无明显变化。主要原因是插针和插孔在连接状态下处于密闭环境，几乎不会受到外部环境应力的作用，使得腐蚀进程大大减慢。

第 5 章 机载电子元器件腐蚀仿真分析

通过试验获得的腐蚀数据虽然可靠性高，利用价值大，但采用的因果推导法忽略了腐蚀发展的中间过程，难以揭示腐蚀的本质机理，而对于如缝隙腐蚀这类局部腐蚀，测量要求高，精度难以保证，试验耗时长，在实际实施中存在诸多不利因素。腐蚀仿真作为一种数值化手段，可用于定量研究腐蚀问题，揭示腐蚀规律，预测腐蚀发展，并且效率高成本低，有效弥补了试验的不足，可与试验进行双向结合。

在电连接器的腐蚀失效中，接触件腐蚀对其使用性能影响最大，因而电连接器微观腐蚀研究主要集中于接触件的腐蚀。如图 5－1 所示，在使用中，电连接器的接触件部位会形成微小缝隙结构，海洋大气环境下由于雨水、湿气、大气盐沉积等因素，电连接器表面形成连续薄液膜，在毛细作用影响下电解液积聚于缝隙中，而接触件表面存在的镀层破损又会导致与镀层区发生电偶腐蚀。缝隙口与大气相连，腐蚀又受到氧浓度的影响，因而其具有缝隙腐蚀与电偶腐蚀的双重特性。由于物质运动，缝隙内的产物分布随时间不断变化，且腐蚀产物对腐蚀的后续发展有重要影响。同时，腐蚀也会降低结构强度，使得插拔特性受到影响，在环境和载荷作用下，接触件也容易产生断裂。

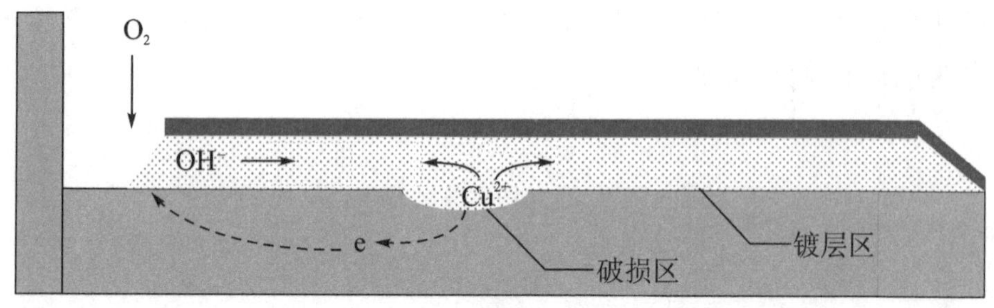

图 5－1 接触件镀层破损腐蚀示意图

电连接器接触件材料根据接触件的类型、电气条件、环境条件及插拔频率等因素选取，最常用的是铜合金：黄铜（H62～H95）、磷青铜、铍青铜。无论哪种合金，铜元素均占绝大部分，因而腐蚀形式主要是铜的腐蚀。

本章首先推导瞬态腐蚀场模型，在此基础上针对主体铜元素，基于二次电流分布与变形几何的耦合，研究不同因素下电连接器接触件在镀层破损条件下发生的缝隙腐蚀问题，在液膜厚度足够充满缝隙的情况下，研究几何尺寸和溶液条件对腐蚀的影响，在液膜厚度十分微小不足以充满缝隙的情况下，研究环境条件对接触件表面大气腐蚀的影响；基于三次电流接口研究模型在弱酸性溶液中由于水解平衡反应形成的浓度变化问题；基于二次电流与水平集的耦合研究模型在弱碱性溶液中的沉积问题。

5.1　机载电连接器腐蚀仿真模型

5.1.1　瞬态腐蚀场模型推导

腐蚀电化学体系有三个基本要素：电子导体、离子导体、电极-电解质界面区，涉及电场、传质、极化等物化现象。由于金属导电性好，电子导体只需用欧姆定律即可实现，而离子导体涉及传质引起的浓度、电场变化，电极-电解质界面区涉及极化、溶解等现象，因此后两者是仿真实现的主要对象。

电连接器接触件易形成缝隙条件，在镀层破损的情况下发生局部腐蚀现象，由于缝隙环境下物质浓度随时间变化，尤其是氧传递受限使得不同时间的腐蚀形式不同，而腐蚀产物又随着时间的不断积累对腐蚀发展形成一定影响，因此采用了瞬态腐蚀场研究电连接器接触件的缝隙腐蚀。

图 5-2 所示为电解质溶液中的一微元体。

对于电解质溶液，瞬态条件下其遵循物质传递方程

$$\frac{\partial c_i}{\partial t} + \nabla \cdot N_i = R_{i,\mathrm{tot}} \tag{5-1}$$

式中，c_i 为物质浓度，$\mathrm{mol/m^3}$；N_i 为物质通量，$\mathrm{mol \cdot m^{-2} \cdot s^{-1}}$；$R_{i,\mathrm{tot}}$ 为电解液中的反应源项。若体系处于稳态，上式浓度对时间的变化项可忽略不计。

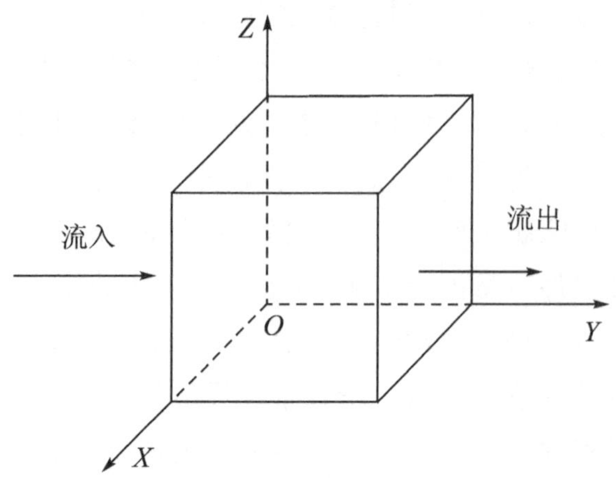

图 5-2　腐蚀场微元体

电解质溶液是由大气环境形成的液膜形态，是一种稀溶液，物质通量 N_i 可由 Nernst - Planck 公式给出

$$N_i = -D_i \nabla c_i - z_i u_{m,i} F c_i \nabla \phi_l + c_i u = J_i + c_i u \tag{5-2}$$

式中，D_i 为扩散系数，m^2/s；z_i 为离子电荷数；$u_{m,i}$ 为电子迁移率，s · mol/kg；F 为法拉第常数，96 485 C/mol；ϕ_l 为电解质电导率，S/m；u 为流体流速，m/s。

腐蚀场中物质迁移率由 Nernst - Einstein 方程给出

$$u_i = D_i / RT \tag{5-3}$$

由法拉第定律得出电解液净电流密度

$$I_l = F \sum z_i N_i \tag{5-4}$$

将式(5-2)代入得出

$$I_l = F \sum z_i (-D_i \nabla c_i - z_i F u_i c_i \nabla \phi_l + c_i u) \tag{5-5}$$

因而电解液电导率为

$$\sigma_l = F^2 \sum {z_i}^2 D_i c_i / RT \tag{5-6}$$

电势差为

$$\nabla \phi_l = -I_l / \sigma_l - \sum z_i D_i \nabla c_i F / \sigma_l + \sum c_i u / \sigma_l \tag{5-7}$$

电连接器所处微环境相对固定，不易受对流环境的影响，因此上式中的 $c_i u$ 项可不加考虑。若忽略溶液浓度梯度影响，假设溶液浓度均匀分布，则电解液中的扩散项也可忽略，在仿真中可根据实际需求做出适当简化。

以上可得出 i 个方程，但 ϕ_l 也是未知项，还要根据局部电中性方程求解：

$$\sum z_i c_i = 0 \tag{5-8}$$

此外，还应遵循电流守恒

$$\nabla \cdot i_l = Q_l \tag{5-9}$$

由式(5-1)、式(5-2)、式(5-8)、式(5-9)可求解电解液电势、电流及物质浓度。

5.1.2　边界条件

5.1.1 节给出了腐蚀场仿真的模型推导，腐蚀仿真是基于一系列偏微分方程求解域内电位、电流及形变等参数分布。从数学角度讲，必须设定相应边界条件及初始条件才能求解偏微分方程定解问题。边界条件对于计算的收敛性和结果的准确性至关重要，因此结合腐蚀实际问题，腐蚀场边界条件一般有以下三类。

1. 第一类边界条件(Dirichlet 边界条件)

Dirichlet 边界条件用于指定解的变量，腐蚀场中指定边界电位为常数。此外，由于还受到极化条件的控制，电极反应往往存在极限反应速率，最为普遍的是存在于阴极的氧还原极限电流密度 $I_{\lim}$。

2. 第二类边界条件(Neumann 边界条件)

Neumann 边界条件指定通量问题，即因变量的梯度。在腐蚀场中指定边界电流密度与电解质电位的关系及浓度变化关系。

$$I = I_0 = -\sigma \frac{\partial \phi_l}{\partial n} \tag{5-10}$$

对于边界处的无通量和绝缘均定义为法向浓度梯度为 0、电势梯度为 0。

$$-n \cdot J_i = 0 \tag{5-11}$$

$$-n \cdot i_{s/l} = 0 \tag{5-12}$$

3. 第三类边界条件(Robin 边界条件)

Robin 边界条件指定变量及其梯度之间的关系。在腐蚀场中指定电流密度与电极电位的关系

$$I=f(\eta)=f(\phi_s-\phi_l-E_{eq}) \tag{5-13}$$

式中,η 为过电位,E_{eq} 为反应平衡电位。

对于电极-电解质界面区,可由浓度依赖的 Buter - Volmer 公式定义反应速率。

$$i_{loc}=i_0\left[C_R\exp\left(\frac{(1-\alpha)nF\eta}{RT}\right)-C_O\exp\left(\frac{\alpha nF\eta}{RT}\right)\right] \tag{5-14}$$

式中,i_0 为交换电流密度;C_R、C_O 为正逆反应物浓度系数;α 为传递系数;R 为气体常数;T 为绝对温标。

对于式(5-14),若忽略浓度影响,可简化为线性 Bulter - Volmer 公式;若反应处于强极化区,可简化为 Tafel 方程;若反应可以快速进行以至于不极化,可用热力学平衡去定义;若反应处于理想极化状态即法拉第电流为 0,可设定 $i_0=0$ 去定义。腐蚀场三类边界条件如图 5-3 所示。

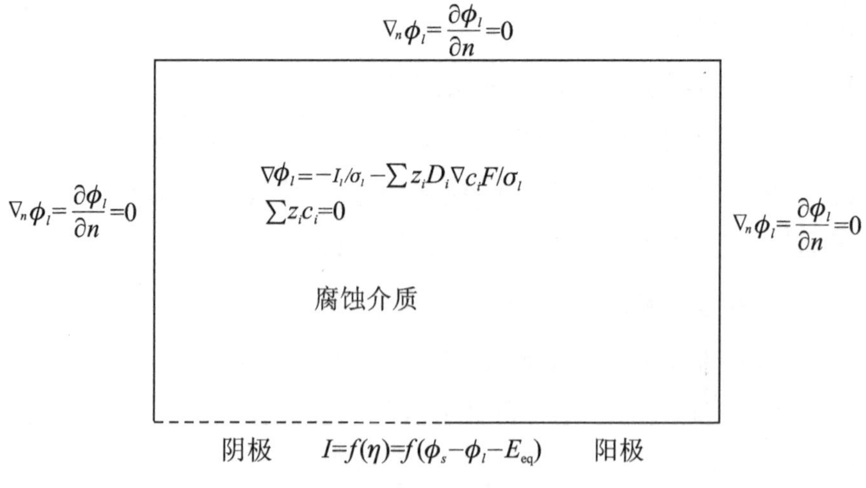

图 5-3　腐蚀场边界条件

由于 Buter - Volmer 公式需要相应热力学、动力学参数,而这些参数又受实际环境的影响,往往难以查询且准确度无法保证。因此,常采用在试验中容易得到的实测极化曲线来定义边界条件,在软件内可用线性差值

函数来表示。

5.1.3　仿真计算流程

COMSOLMultiPHysics 是一款有限元分析软件，相比于其他软件，其优势在于能够有效地解决多物理场耦合问题，借助基本模块，可以很容易实现研究的扩展。近年来，COMSOL 在腐蚀仿真方面得到了大量应用，借助电化学基本模块可实现腐蚀及变形问题，也可与稀物质传递、流体流动、水平集等模块耦合研究腐蚀扩展问题。

COMSOL 电化学仿真根据 Nernst－Planck 方程的简化程度分为一次、二次、三次电流分布。一次电流分布仅考虑溶液电阻造成的耗损，而忽略电化学极化和浓度极化的影响，它假设溶液中的物质均匀分布，浓度不随时间而变化，电极表面处于平衡状态，在此条件下，电极表面不存在过电位，反应得以迅速进行，溶液遵循欧姆定律。二次电流分布在一次电流分布的基础上增加了电化学极化的影响，它假设在界面反应区遵循动力学方程，而电解质溶液仍满足欧姆定律。三次电流分布综合考虑了三种极化对电化学反应的影响，离子运动完全符合 Nernst－Planck 方程，电极表面电流密度不仅受过电位的影响，还受物质浓度的影响。这三种电流分布形式还可与其他物理场接口耦合，将腐蚀研究进一步扩展。

COMSOL 计算流程也无一例外地包含前处理、模型计算、后处理三个步骤，流程图如图 5－4 所示。前处理主要是建立几何模型、设定初始及边界条件、进行网格划分等。为减少计算量、提高收敛性，几何模型在贴近实际的条件下应尽量简化，能用低维模型解决的问题尽量采用低维模型。初始及边界条件对模型收敛性至关重要，也往往是不收敛问题的根源所在，因此其设定应全面、合理、准确。网格划分影响模型收敛速度及结果准确度，在电流电位突变部位应细化网格，在变化平缓区域可适当粗化，针对实际情况，选择合理的稳瞬态研究方式，设定求解器模型、收敛条件及迭代次数。COMSOL 提供丰富的后处理手段，将模型电流、电位、变形等结果可视化。

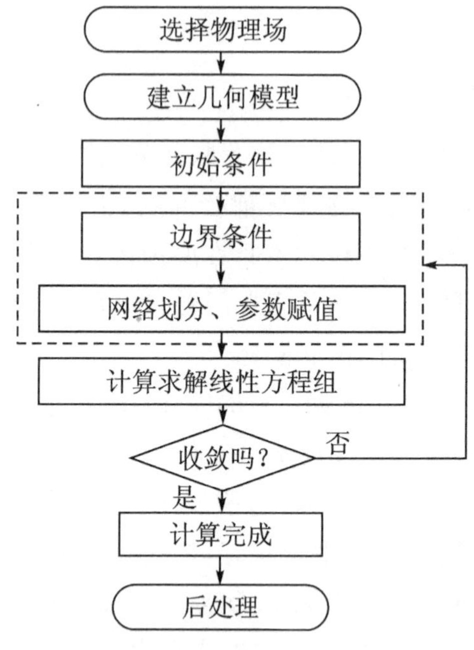

图 5-4　腐蚀仿真流程图

5.2　基于二次电流分析不同因素对腐蚀的影响

5.2.1　几何尺寸对腐蚀的影响

1. 几何模型

为简化计算,设定二维几何模型如图 5-5 所示。模型下边界为接触件金属部位,上边界为绝缘无通量边界,左侧为与外界空气相连的缝隙口,右侧为缝隙底部。缝隙深度 $L_1=4$ mm,宽度 $H=0.2$ mm,镀层破损铜裸露区域 L_2 为 $a=0.25$ mm,$b=0.005$ mm 的椭圆形结构,其中心距缝隙口距离 $W=2$ mm,其余部位为镀层覆盖区域。采用自由三角形网格剖分方式,对下边界及椭圆形节点进行细化网格处理。

2. 边界条件

电连接器使用环境多处于中性溶液下,NaCl 浓度对电连接器腐蚀影响最为明显,因此考虑 NaCl 质量分数为 3.5%的恶劣条件下的腐蚀情况。

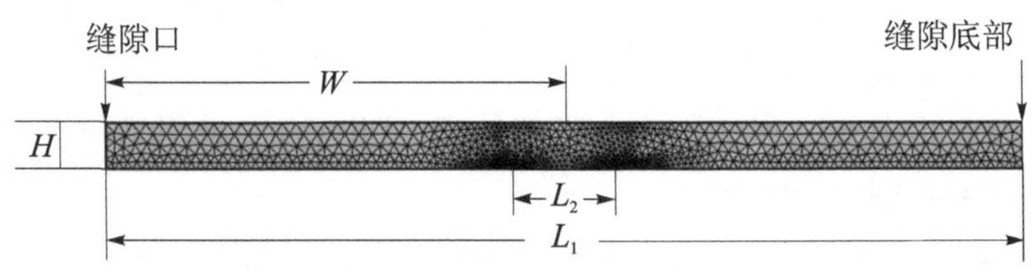

图 5-5　几何模型

3.5%的 NaCl 溶液接近于海水浓度，既可作为海水飞溅腐蚀研究，又可作为 NaCl 长期积累带来的腐蚀研究。其他条件温度为 25 ℃、pH 值为 7，极化曲线如图 5-6 所示，以差值函数形式作为软件仿真的边界条件。

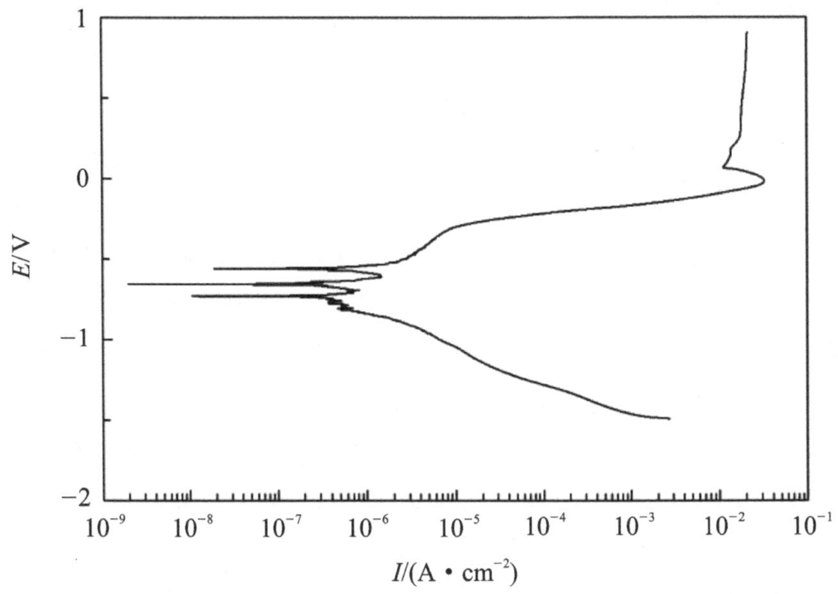

图 5-6　25 ℃、pH 值为 7、NaCl 质量分数为 3.5%下的极化曲线

阳极反应发生于镀层破损区域，阴极反应发生于镀层完好区域。缝隙口与大气环境相连，氧浓度为定值 0.258 mol/m^3，内部受到氧传递限制。阴极为受浓度极化影响的氧还原反应，动力学方程满足如下关系

$$I_{O_2} = c_{O_2}/c_{O_2,0} \times i_{O_2} e^{\eta/A_{c,O_2}} \tag{5-15}$$

式中，c_{O_2}、$c_{O_2,0}$ 分别为反应过程中与初始时氧浓度；i_{O_2} 为交换电流密度，10^{-4} A · m^{-2}；η 为过电位；A_{C,O_2} 为 Tafel 斜率，－118 mV。

其余边界满足绝缘及无通量条件，即法向浓度梯度、电势梯度均为 0。

选择二次电流与变形几何物理场接口进行耦合计算，仿真出缝隙内电位、电流及变形分布。采用瞬态研究，对缝隙宽度、镀层破损区距缝隙口的距离进行参数化扫描处理。

镀层破损区距缝隙口距离(W)和缝隙宽度(H)设定如表 5-1 所列。

表 5-1　扫描参数设定

W/mm	0.4	1.2	2.0				
H/mm	0.1	0.15	0.2	0.25	0.3	0.35	0.4

3. 仿真结果分析

图 5-7 显示了在 W=2.0 mm、H=0.2 mm 下，电解质电位、电极电位及缝隙中氧气浓度的分布情况，各种几何尺寸下的分布均符合此规律。由图 5-7(a)、5-7(b)可看出由于腐蚀的发生使得电解质电位在 t=0 与 t=12 h 时的情况完全不同，初始时以镀层破损区电解质电位最大，向两端呈递减趋势，而腐蚀稳定时其电位分布由缝隙口向缝隙底部递增，稳定电位差远小于初始电位差。图 5-7(c)、5-7(d)中电极电位分布与电解质电位分布相反，阴阳极电位绝对值在初始时大于稳定时，阴极过电位(平衡电位为 0.401 V)由初始的−0.5 V 变为稳定时的−0.61 V，虽然极化值增大，但由于受到氧浓度极化的影响，电流密度远小于初始值。图 5-7(e)、5-7(f)为氧浓度分布图，从中可看出在缝隙口处氧气浓度迅速降低，阴极反应的发生使得缝隙口附近顶部氧浓度大于底部，呈向右下角逐渐降低的趋势。缝隙宽度越大、镀层破损区距缝隙口的距离越小，越有利于氧气的扩散。在实际情况下，由于 H 不易发生较大改变，而 W 可在任何位置出现，因此 W 更易对氧扩散产生影响，W=0.4 mm 可对氧浓度产生影响使得缝隙口附近的氧浓度变化范围更大，随着 W 的增大，浓度分布基本不变。

图 5-8 所示为在 H=0.2 mm 的情况下，考虑 W 的变化对腐蚀速率的影响。图 5-8(a)、图 5-8(b)为初始及稳定时的阳极电流密度变化，从中可看出初始时破损区域电流密度近似呈 U 形分布，电流值达 50 A/m^2 以上，最小值先出现在中心以左，随着 W 的增大逐渐靠近中心，进而电流

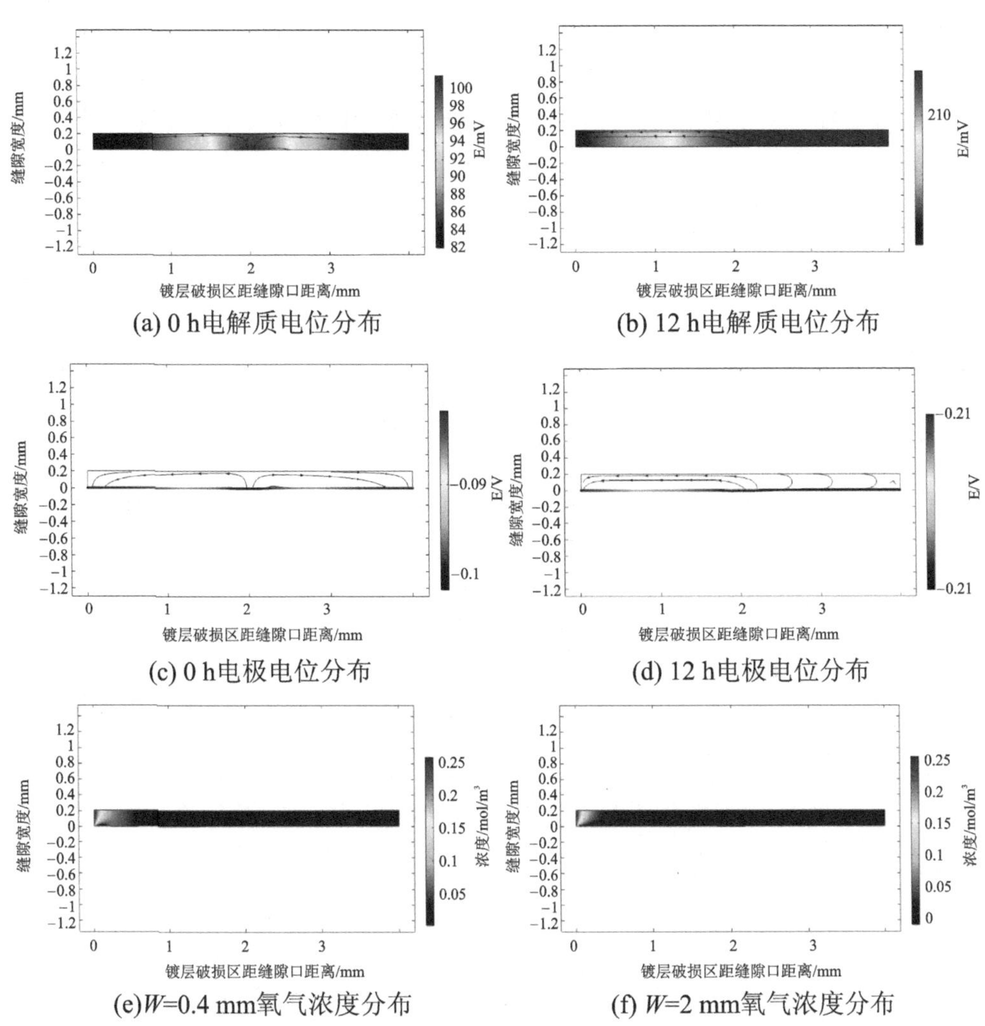

(a) 0 h电解质电位分布
(b) 12 h电解质电位分布
(c) 0 h电极电位分布
(d) 12 h电极电位分布
(e)W=0.4 mm氧气浓度分布
(f) W=2 mm氧气浓度分布

图 5-7　电解质电位、电极电位、氧浓度分布图

呈对称分布，这是由于几何尺寸导致电极极化不对称，进而两侧的电流分布不对称。稳定时的电流密度与初始值相差甚大，仅仅为 1.5 A/m^2 左右，虽然电流密度随 W 的增大而增大，但在 W 较大时，电流密度增大不明显，基本处于稳定值。图 5-8(c)为电流密度在初始阶段每秒的变化量，从中可看出在 1 min 以内，电流密度就可迅速达到稳定值，表明缝隙内的氧气在反应初期即被迅速消耗。图 5-8(d)为稳定时的阴极电流密度变化，阴极反应主要集中在缝隙口，电流密度可达 16 A/m^2 以上，沿缝隙向内迅速降低接近于 0，表明在反应阶段少量扩散进入缝隙内部的氧气即被迅速消耗，腐蚀反应受阴极氧浓度控制，随着 W 的增大，电流密度增大主要是阴极反应区面积有所扩展，但缝隙口电流密度有少量减小。图 5-8(e)是 7 d 后的腐蚀厚度，根据阳极电流变化，镀层破损区发生均匀腐蚀，最大腐蚀厚度达 0.025 mm，腐蚀处于较高水平。

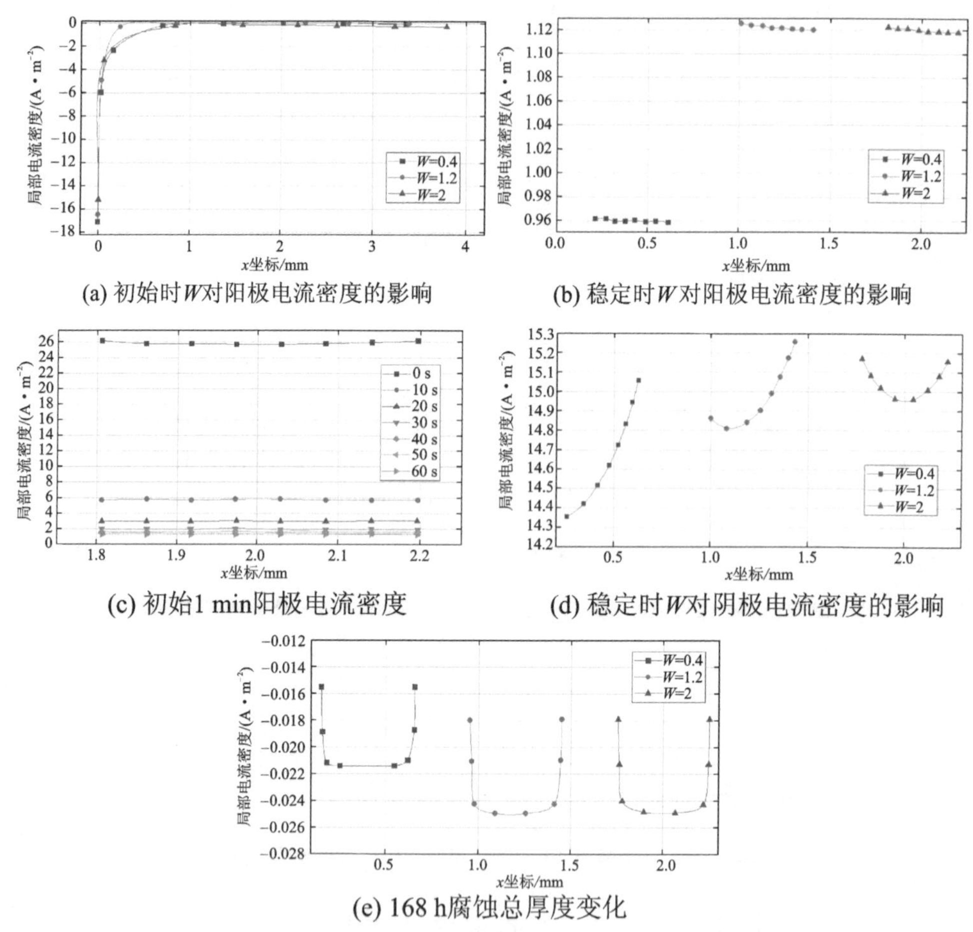

(a) 初始时W对阳极电流密度的影响

(b) 稳定时W对阳极电流密度的影响

(c) 初始1 min阳极电流密度

(d) 稳定时W对阴极电流密度的影响

(e) 168 h腐蚀总厚度变化

图 5-8　H=0.2 mm 时，W 对腐蚀速率的影响

图 5-9 所示为在 W=1 mm 的情况下，考虑 H 的变化对腐蚀速率的影响。图 5-9(a)、图 5-9(b)同样显示出初始及稳定时电流密度存在巨大差距，H 的变化对电流密度变化趋势不产生影响，但随着 H 增大电流密度也随之增大，增大趋势有所减缓，这是由于 H 的增大会使得缝隙口的氧气扩散范围更大，但随着 H 的增大其影响作用会变得越来越弱。图 5-9(c)为 H 对腐蚀厚度的影响，在镀层破损区域发生更为均匀的腐蚀

且腐蚀厚度随 H 的增大而逐渐缓慢增大。

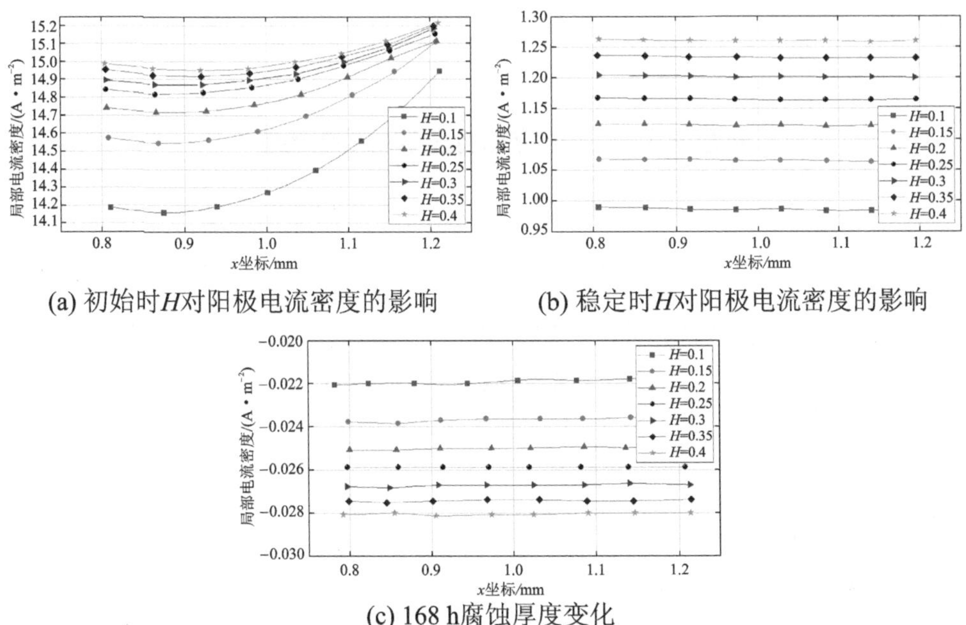

(a) 初始时H对阳极电流密度的影响　(b) 稳定时H对阳极电流密度的影响

(c) 168 h腐蚀厚度变化

图 5-9　W=1.0 mm 时，H 对腐蚀速率的影响

5.2.2　溶液条件对腐蚀的影响

将所测不同溶液条件下的极化曲线作为边界条件，几何模型及其余条件与 5.2.1 小节相同，仿真不同溶液条件下的腐蚀状况。

不同溶液条件下的腐蚀情况与 5.2.1 小节所讲的大致相同，电流电位均满足相同趋势，最大电位差大致在 1 mV。但不同溶液条件下电解质电位大小差距甚大，进而过电位也有很大差距。当温度为 35 ℃、NaCl 质量分数为 3.5%、pH 值为 4 时，电解质电位最大达 240 mV，如图 5-10 所示，当温度为 45 ℃、NaCl 质量分数为 0、pH 值为 10 时，电解质电位最小为−18.8 mV，如图 5-11 所示。

不同溶液环境极化曲线有所不同，因而不同电解质电位下的腐蚀速率也有较大差异。表 5-2 列出了单一因素下镀层破损区 7 d 后腐蚀的平均厚度。从表中可看出，NaCl 存在时，腐蚀厚度明显增大，在含有 2% NaCl 中的腐蚀厚度是在纯溶液中的腐蚀厚度的三倍左右，如表中第 5、6 组。温

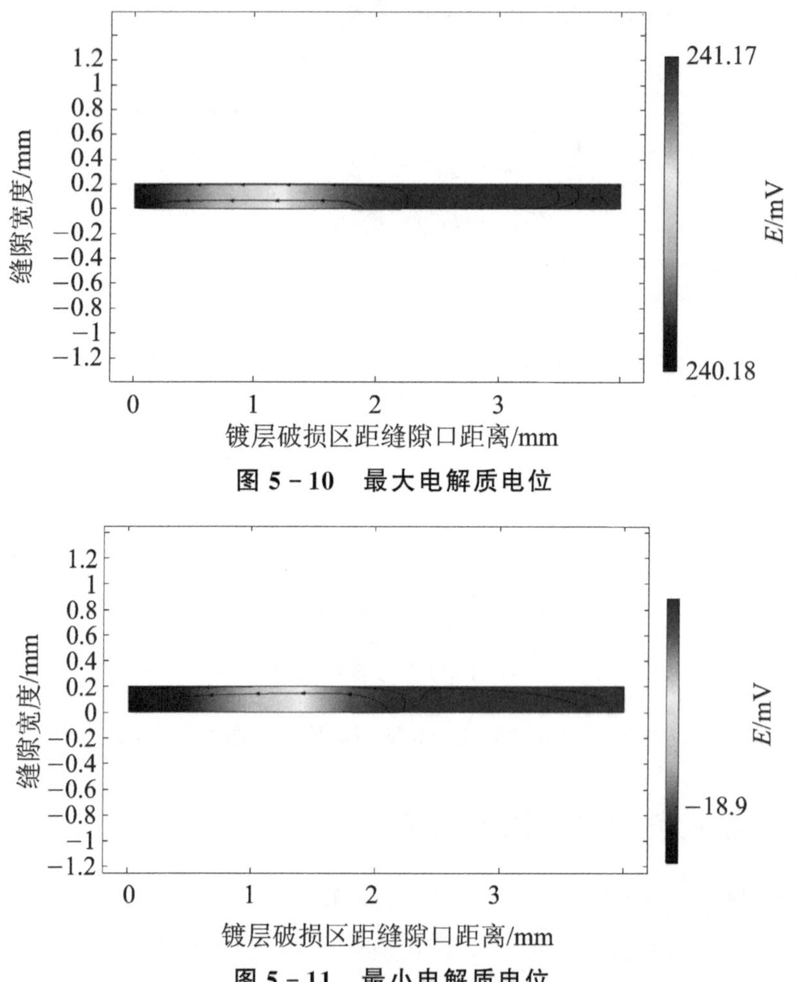

图 5-10　最大电解质电位

图 5-11　最小电解质电位

度及 pH 值对腐蚀影响极小，大致处于−4 μm 的低水平范围，如表中第 1、2、3、5、6 组。在加入 NaCl 后，温度对腐蚀有一定的促进作用，如表中第 5、8 组。碱性条件下 NaCl 对腐蚀的促进作用明显弱于中性溶液，表明碱性溶液下易于产生的沉淀产物对腐蚀反应具有抑制作用，如表中第 7、9 组。

表 5-2　不同溶液条件下腐蚀厚度的平均值

序　号	温度/℃	NaCl 的浓度/%	pH 值	腐蚀厚度的平均值/μm
1	25	0	7	−4.874 2
2	35	0	7	−5.755 7
3	45	0	7	−8.179 9

续表 5-2

序　号	温度/℃	NaCl 的浓度/%	pH 值	腐蚀厚度的平均值/μm
4	25	2	7	−15.196
5	25	3.5	7	−21.076
6	25	0	4	−4.400 5
7	25	0	10	−3.642 7
8	35	3.5	7	−23.349
9	25	3.5	10	−10.380

由于腐蚀速率大小在不同溶液环境下差异较大，因而阴极氧还原反应所受浓度极化影响也明显不同。对比图 5-12 和图 5-13 可以看出，在腐蚀反应较弱的情况下，氧扩散区域进一步增大，阴极反应区域也有所扩大，但强度却有所减弱。

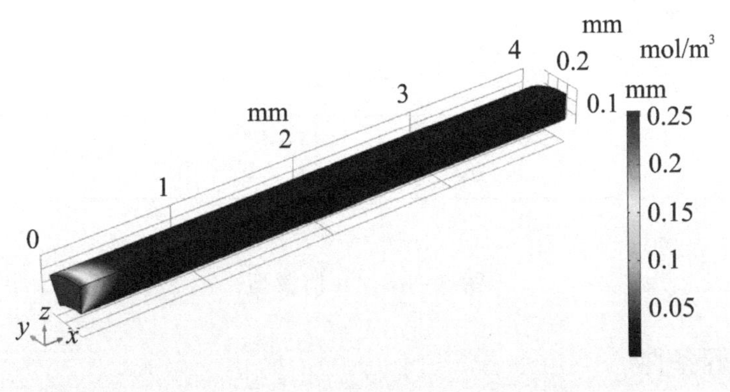

图 5-12　25 ℃酸性 3.5% NaCl 溶液氧浓度分布

5.2.3　环境条件对腐蚀的影响

当环境条件不足以产生充满缝隙的电解液时，接触件表面仅仅产生数十微米的薄液膜，或者缝隙宽度足够大，使得液膜能与大气环境充分接触，在此情况下发生大气腐蚀。不同于缝隙腐蚀情况，大气腐蚀不再表现为单一界面所受氧浓度控制的阴极反应，而是受极限电流密度影响的氧还原反应，电化学各项参数及液膜厚度均受大气相对湿度和盐沉积量的影响。

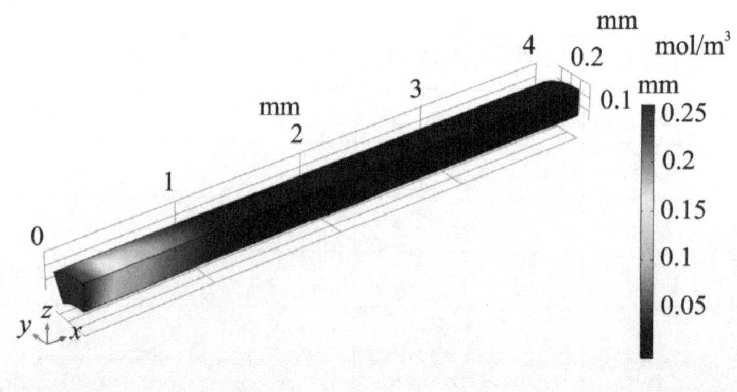

图 5-13　25 ℃不含 NaCl 中性溶液氧浓度分布

1. 几何模型

大气腐蚀发生于二维接触件表面，但可简化为一维模型，如图 5-14 所示。中间 L_2 为镀层破损区域，左右两侧为镀层未破损区域，L_1、L_2 与 5.2.1 小节中所讲的数值相同。

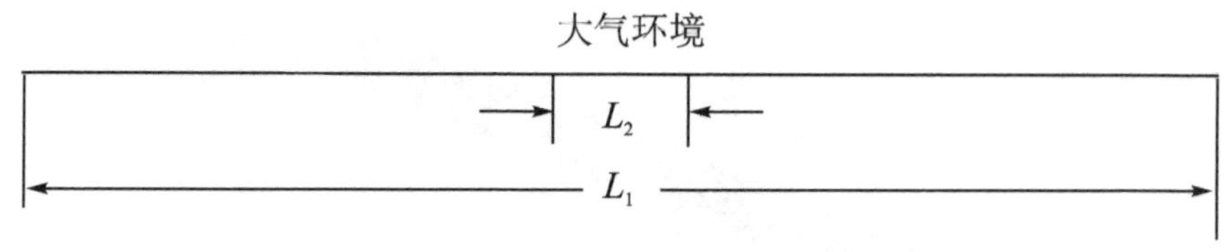

图 5-14　几何模型

2. 边界条件

液膜厚度与电导率方程采用 5.1.2 小节中的相关推导公式。NaCl 溶液浓度受相对湿度影响

$$c_{\mathrm{NaCl}} = (-25.12\mathrm{RH} + 25.253) \times (1\,823.2 - 814.38\mathrm{RH}) \tag{5-16}$$

式中，c_{NaCl} 为摩尔浓度，mol/m³。

氧扩散速率受 NaCl 溶液浓度影响

$$D_{\mathrm{O_2}} = (-0.146\,4 \times 10^{-3} c_{\mathrm{NaCl}} + 2.051\,1) \times 10^{-9} \tag{5-17}$$

氧溶解度与相对湿度的关系为

$$\mathrm{O}_{2\ \mathrm{solubility}} = 0.000\,3 \times \exp(6.59\mathrm{RH}) \tag{5-18}$$

进而电解液中极限扩散电流密度为

$$i_{\text{lim}} = 4F \times D_{O_2} \times O_{2\ \text{solubility}} / h \tag{5-19}$$

氧还原电流密度受极限电流密度影响

$$i_{\text{loc}} = \frac{i_{\text{expr}}}{1 + \left| \frac{i_{\text{expr}}}{i_{\text{lim}}} \right|} \tag{5-20}$$

式中，i_{expr} 为不考虑物质传输限制的单纯电极动力学方程。

其余边界条件设定与 5.2.1 小节相同。由于薄电解质中法向电位变化可忽略不计，为减少计算量、增大收敛性，可将薄电解质域内方程替换为边界偏微分方程，因此采用电流分布（壳）物理场接口进行数值计算。

3. 仿真结果分析

图 5－15 显示电极电位 VS 相邻参比电位分布，电位在中心镀层区最低向两侧逐渐增大，在阳极区金属受到阳极极化，在阴极区受到阴极极化，且在阴阳极交界面所受极化值最大，对于阴极氧还原极化值达－0.551 V 左右。图 5－16 为电流密度空间分布，可看出，阴阳极电流密度呈对称分布，在交界面电流密度绝对值均达到最大值，阳极电流密度远大于阴极电流密度，最大可到 20 A/m²，不同部位阳极电流密度值差距较大。

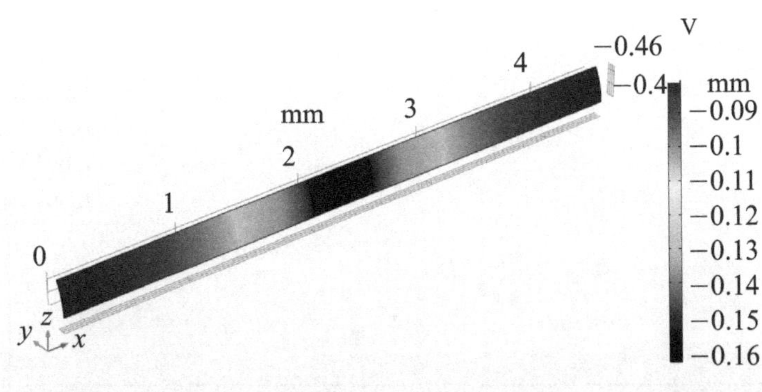

图 5－15　RH＝80％、LD＝5×10⁻⁴ kg/m² 电极电位 VS 相邻参比电位分布

由图 5－17 和图 5－18 可看出，阴阳极最大电流密度与相对湿度（RH）变化趋势大致相同，均是先增大后减小，但其达到极大值时对应的 RH 值不同，阳极最大电流密度极大值对应的 RH 值随 NaCl 沉积量（LD）的增大逐渐由 92％降低至 9％，阴极最大电流密度极大值对应的 RH 值一

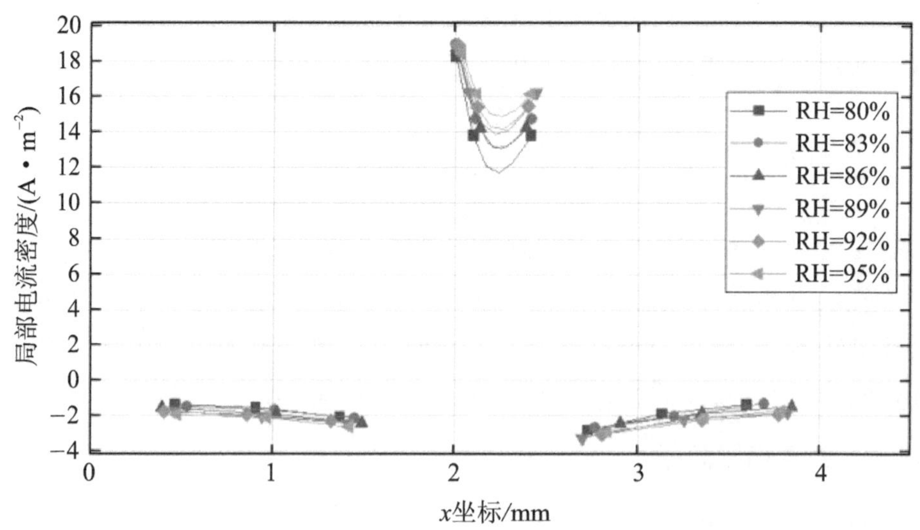

图 5-16 LD=5×10⁻⁴ kg/m² 电流密度随 RH 变化

直稳定在 90%。阴阳极最大电流密度总体随着 LD 的增大而增大，但在 LD 较低时存在阳极最大电流密度随 LD 的增大而减小的一小段区域。

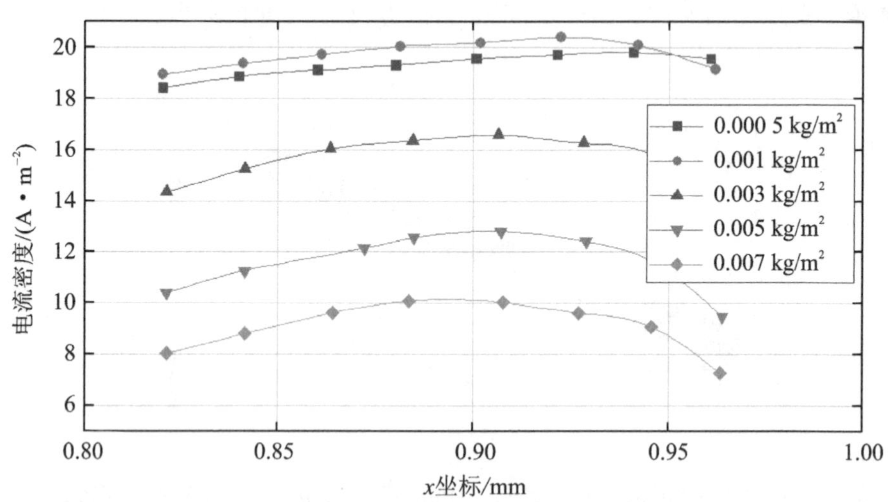

图 5-17 阳极最大电流密度变化

由图 5-19 可看出阳极平均电流密度均随 RH、LD 的增大先增大后减小，且在 RH 大于 92%以后电流密度急剧减小，LD 使得电流密度最大可相差 10 A/m² 以上，其影响远大于 RH 的影响。RH 对各个参数均有影

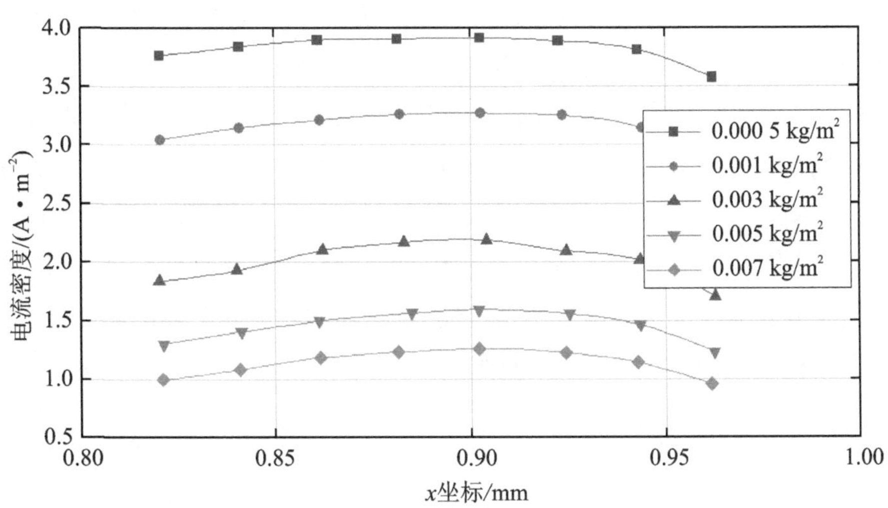

图 5-18　阴极最大电流密度变化

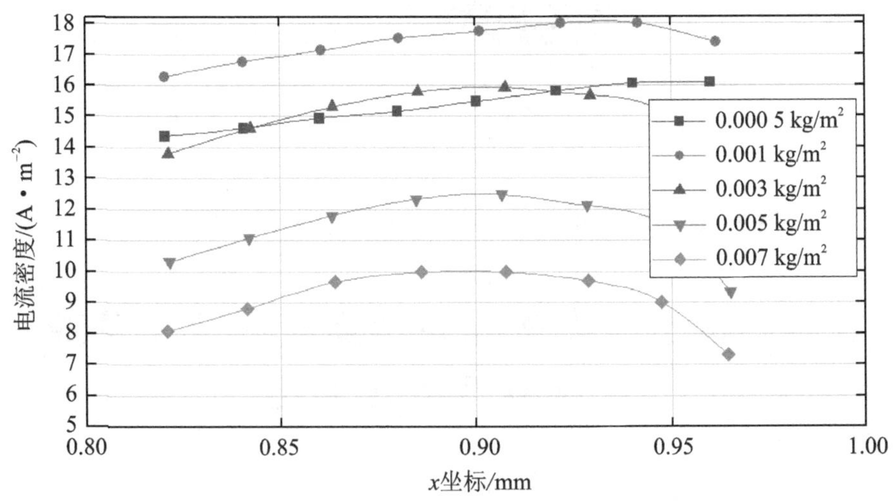

图 5-19　阳极平均电流密度变化

响，LD 的增大会使得液膜厚度增大，但腐蚀反应是电流与电位耦合作用的结果，极化曲线及参数变化之间各有影响，导致电流密度与 RH、LD 也并不是简单的线性关系。图 5-20 为腐蚀 7 d 后腐蚀厚度的变化，镀层破损区在两侧腐蚀最为严重，与中心最低区相差 120 μm。相比溶液中的腐蚀，由于大气腐蚀在薄液膜下进行，阴极氧还原反应阻力较小，几乎不受氧浓度极化影响，因而腐蚀速率要远远大于溶液中的腐蚀速率。但大气腐蚀受腐蚀产物的影响更为明显，若腐蚀产物疏松可溶，将会使金属表面更易形成电解液，对腐蚀具有促进作用，若腐蚀产物结构致密难溶，将附着于金属表面对腐蚀有一定抑制作用。由于铜腐蚀产物主要是 $Cu(OH)_2$ 难溶于水，且受热分解产物 CuO 结构致密，因而铜在大气中的腐蚀速率会逐渐下降，但对于存在 SO_2、NH_3、H_2S 等腐蚀性气体时，会使腐蚀产物易于溶解，急剧加速铜的腐蚀，这些酸性气体即使含量很低，但由于其溶解度极大，因而极少量即会对腐蚀有明显促进作用。

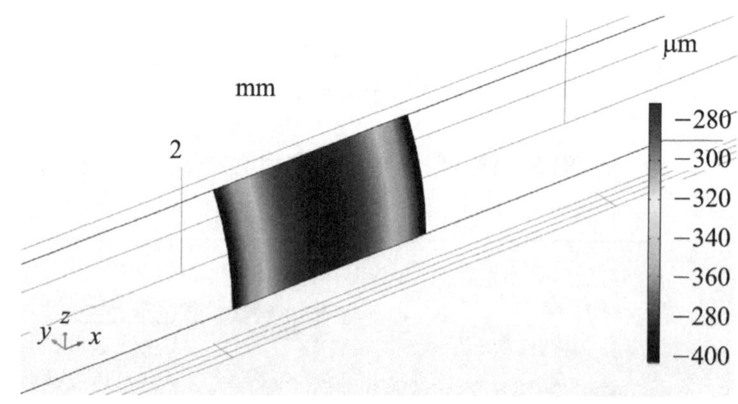

图 5-20　RH=80%、LD=5×10⁻⁴ kg/m² 腐蚀厚度分布

5.3　基于三次电流分析弱酸性溶液缝隙腐蚀物质浓度变化

5.3.1　反应方程式

1. 金属表面电化学反应

几何模型与 5.2.1 小节所讲的相同，阳极区铜失电子反应：

$$Cu(s) \rightarrow Cu^{2+}(aq) + 2e^- \tag{5-21}$$

阴极 O_2、H^+ 还原反应：

$$O_2 + 2H_2O + 4e^- \rightarrow 4OH^- \tag{5-22}$$

$$2H^+ + 2e^- \rightarrow H_2 \tag{5-23}$$

若处于某一共同电位之下，则在 L_2 区域可同时发生以上三个反应，相应化学当量系数对应关系为每消耗 1 个 Cu、O_2、H^+ 分别生成 1 个 Cu^{2+}、4 个 OH^- 及 0.5 个 H_2，生成产物进入溶液中参与化学反应。

2. 溶液中的化学反应

在弱酸性和中性 NaCl 溶液中，Cu^{2+} 与 Cl^- 发生配位反应，以配合物 $CuCl^+$、$CuCl_2$、$CuCl_3{}^-$、$CuCl_4{}^{2-}$ 的形式存在

$$Cu^{2+} + Cl^- \rightleftharpoons CuCl^+ \quad \log K_1 = 0.2 \tag{5-24}$$

$$Cu^{2+} + 2Cl^- \rightleftharpoons CuCl_2 \quad \log K_2 = -0.26 \tag{5-25}$$

$$Cu^{2+} + 3Cl^- \rightleftharpoons CuCl_3^- \quad \log K_3 = -2.29 \tag{5-26}$$

$$Cu^{2+} + 4Cl^- \rightleftharpoons CuCl_4^{2-} \quad \log K_4 = -4.59 \tag{5-27}$$

同时也会发生弱水解反应

$$2Cu^{2+} + Cl^- + H_2O \rightleftharpoons Cu_2Cl(OH)_3 + 3H^+ \quad \log K_5 = -12 \tag{5-28}$$

还应考虑水的自电离反应

$$H_2O \rightleftharpoons H^+ + OH^- \quad \log K_w = -14 \tag{5-29}$$

因此，溶液中发生以上 6 个平衡反应，共包含 Na^+、Cl^- 等 12 种物质，相应物质的参数如表 5-3 所列。表中设定 Cu^{2+} 的初始浓度为 10^{-6} mol/m^3（金属发生腐蚀的离子活度界限），其余产物的初始浓度可由平衡方程求得。

表 5-3　溶液中物质的参数

物　质	电荷数	10^9 · 扩散系数/（$m^2 \cdot s^{-1}$）	初始浓度/（$mol \cdot m^{-3}$）
Na^+	1	1.334	300
Cl^-	−1	2.032	300
Cu^{2+}	2	0.541	10^{-6}
$CuCl^+$	1	0.541	2.38×10^{-4}
$CuCl_2$	0	0.541	4.95×10^{-2}
$CuCl_3^-$	−1	0.541	0.138
$CuCl_4^{2-}$	−2	0.541	0.208
$Cu_2Cl(OH)_3$	0	0.541	3×10^{-4}
H^+	1	9.311	10^{-5}

续表 5-3

物　质	电荷数	10^9 · 扩散系数/($m^2 \cdot s^{-1}$)	初始浓度/($mol \cdot m^{-3}$)
OH^-	−1	5.273	10^{-9}
O_2	0	1.98	0.258
H_2	0	4.87	0

5.3.2 边界条件及求解设定

利用单一动力学公式设定电极-电解质反应边界条件不够贴近实际情况，因此本模型采用三电极测量体系，测定铜在 25 ℃，pH＝5，0.3 mol/L NaCl 溶液中的极化曲线数据，在软件中以分段线性插值函数表示，作为阳极反应的边界条件，如图 5-21 所示。

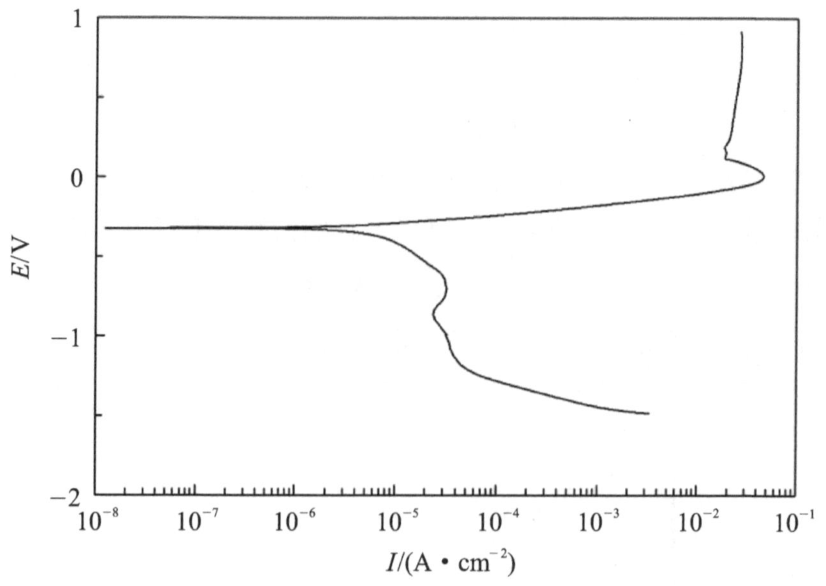

图 5-21　25 ℃、pH 值为 5、0.3 mol/L NaCl 溶液下的极化曲线

O_2、H^+的阴极还原反应与物质浓度相关，电极动力学方程满足 5.2.1 小节所讲要求，相关参数如表 5-4 所列。

表 5-4　阴极反应参数

物　质	E_{eq}/mV	i_0/(A·m^{-2})	A_i/mV
O_2	401	10^{-4}	−118
H^+	0	10^{-7}	−242

缝隙口与外界大气相连，O_2 浓度为定值 0.258 mol/m^3，缝隙口设为接地，电势为 0。

考虑溶液中物质浓度随时间的变化，利用有限元分析方法，采用三次电流瞬态接口研究模型。

5.3.3　仿真结果分析

从图 5-22 可看出由于溶液电阻的存在使得溶液电位呈现由缝隙口向缝隙底部逐渐增大的趋势。电极反应使得溶液离子浓度随时间而增大，但由于存在的平衡反应，电位分布相对稳定，缝隙口与缝隙底部保持 0.3 mV 的电位差。

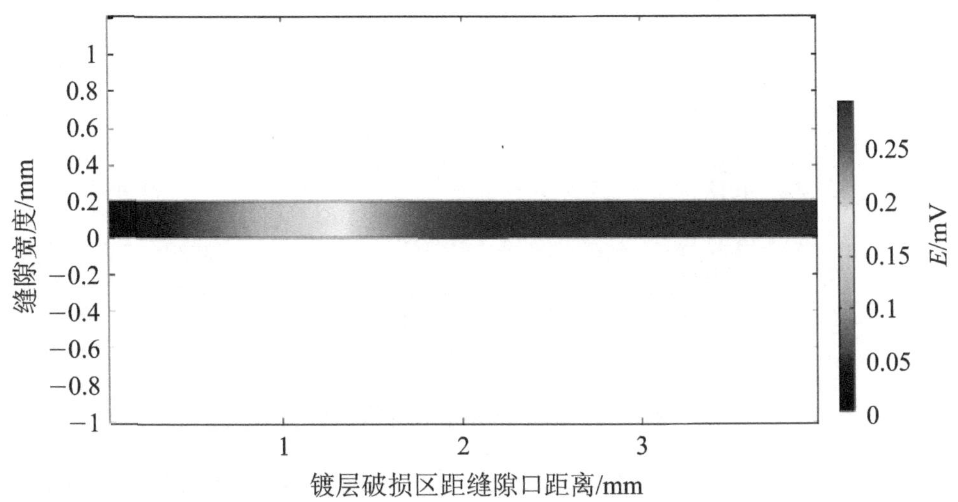

图 5-22　12 h 电解质电位分布

缝隙内的电流分布如图 5-23 所示，由于溶液中存在的电位梯度使得镀层破损铜裸露区靠近缝隙口的极化电位较高，电流密度呈现由缝隙口向缝隙底部逐渐减小的趋势，但由于尺寸较小，电流密度变化程度十分微弱，镀层破损铜裸露区域发生近似均匀腐蚀。由图 5 - 24 可看出阴极反应主要为氧还原反应,由于受到浓度极化的控制,腐蚀 12 h 后缝隙内的 O_2 基本消耗完毕,使得反应主要集中于缝隙口区域,沿缝隙向内迅速降低接近于 0。

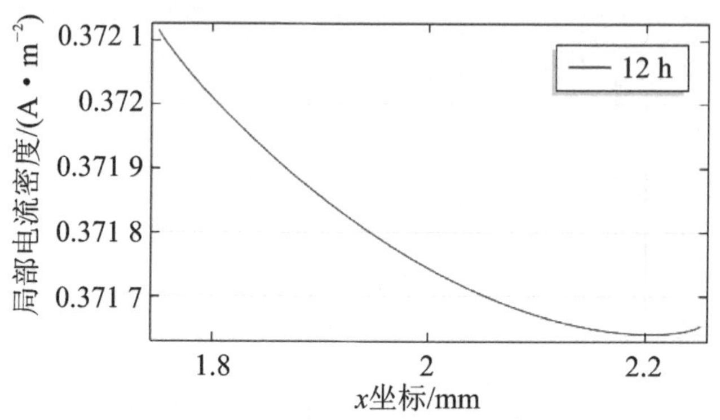

图 5 - 23　12 h 阳极电流密度分布

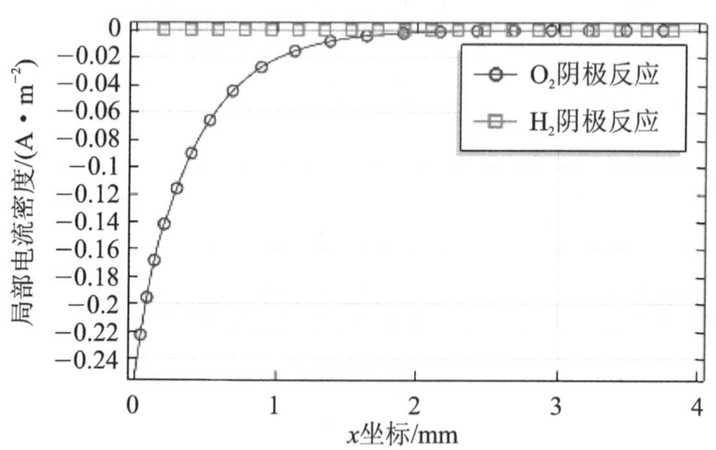

图 5 - 24　12 h 阴极电流密度分布

图 5 - 25 和图 5 - 26 所示分别为不同时刻溶液中心截线处 pH 值分布。从图 5 - 25 可看出,随着反应的进行,溶液逐步向碱性状态转移,24 h 以后溶液已不再呈现酸性,溶液 H^+、OH^- 浓度满足反比例关系,随着 OH^- 浓度增大,H^+ 浓度减小趋势减弱,因而 pH 值增大趋势也随之有所减缓。图 5 - 26 为 12 h 溶液中心截线处 pH 值分布,以阳极反应区为最小

值呈对称分布，由于 OH^- 在溶液中扩散速率较大，因而 pH 值分布差距较小。O_2 还原阴极反应集中于缝隙口，导致缝隙口 pH 值大于缝隙内部；而阳极区由于 Cu^{2+} 浓度的增大促进水解发生，使得其 pH 值呈现最低状态；缝隙底部附近由于 H^+ 还原占据主导地位，导致 pH 值也有所增大。

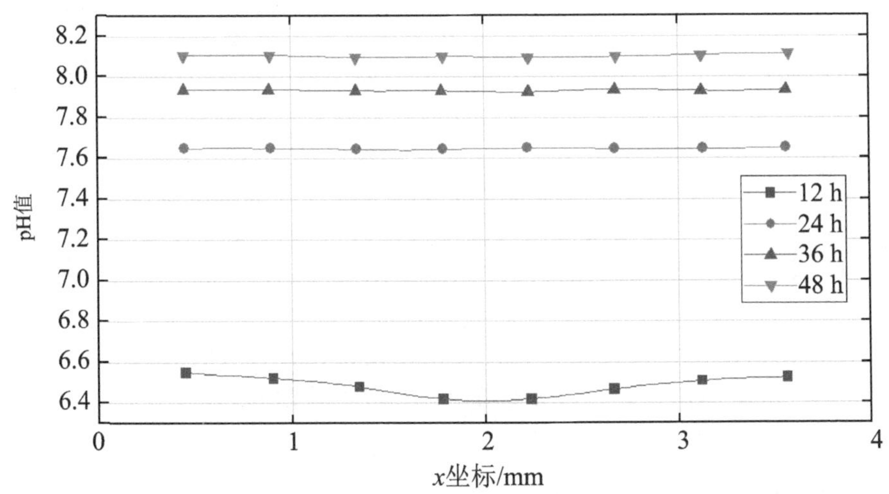

图 5-25 12 h、24 h、48 h、72 h 溶液 pH 值分布

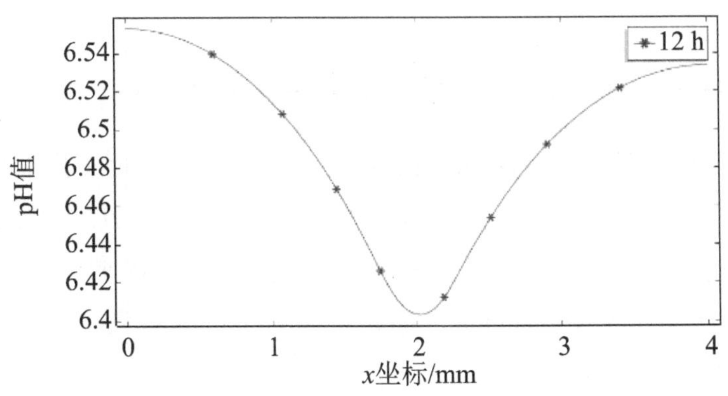

图 5-26 12 h 溶液 pH 值分布

溶液中各离子处于动态平衡过程，图 5-27 为腐蚀进行 12 h 时溶液中心截线处含 Cu^{2+} 物质浓度分布，可看出，Cu^{2+} 除游离态外绝大多数以 $Cu_2Cl(OH)_3$ 和 $CuCl^+$ 的形式存在，其余氯化物由于平衡常数较小，产物极少。中心区域铜腐蚀产生金属阳离子，缝隙口处阴极反应产生 OH^-，为保持电中性，在电场作用下，阳离子向外迁移，阴离子向内迁移，因而在缝隙口处 Cu^{2+} 主要以 $Cu_2Cl(OH)_3$ 的形式存在。

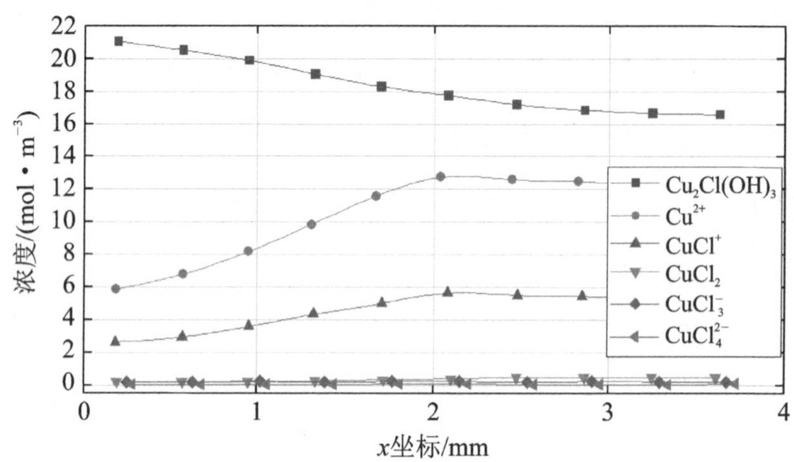

图 5-27　12 h 溶液中含 Cu^{2+} 物质浓度分布

5.4　基于水平集函数分析弱碱性溶液腐蚀产物沉积分布

5.4.1　水平集仿真理论及其与腐蚀的耦合

水平集方法最早由 Osher 和 Sethian 提出，是一种用于界面追踪和形状建模的数值技术，广泛应用于图像处理。在 COMSOL 中模拟腐蚀沉积问题，是将水平集与腐蚀场接口相耦合，将腐蚀沉积区域与电解质区域看作流体相，使用水平集方程追踪流体流动过程中的移动界面，进而求解出腐蚀沉积的演变过程。

水平集界面用于追踪腐蚀产物沉积区域，对于两相交接区，水平集界面以水平集变量 从 0 到 1 的变化来表示，以 0.5 表示两相交界面，因此根据水平集变量可求解电解质体积分数。

水平集变量由以下方程给出

$$\frac{\partial \boldsymbol{\phi}}{\partial t}+u\cdot\nabla\boldsymbol{\phi}=\gamma\,\nabla\cdot\left[\varepsilon\,\nabla\boldsymbol{\phi}-\boldsymbol{\phi}(1-\boldsymbol{\phi})\,\frac{\nabla\boldsymbol{\phi}}{|\nabla\boldsymbol{\phi}|}\right] \tag{5-30}$$

式中，参数 ε 由网格最大尺寸 $h_{\max}$ 决定，$\varepsilon = h_{\max}/4$；γ 为最大腐蚀速度值。

水平集函数 δ 为

$$\delta = 6\left|\boldsymbol{\phi}(1-\boldsymbol{\phi})\right|\left|\nabla\boldsymbol{\phi}\right| \tag{5-31}$$

对于两相交接区，既发生阳极金属溶解，又发生腐蚀产物的沉积，两者反应速率与电流的关系为

$$u_{\text{corr}} = \frac{i_{\text{loc}}}{2F}\frac{M_{\text{A}}}{\rho_{\text{A}}} \tag{5-32}$$

$$u_{\text{dep}} = R_{s,\text{A}^{n+}}\frac{M_{\text{A(OH)}_n}}{\rho_{\text{A(OH)}_n}} \tag{5-33}$$

式中，R 为反应物 A^{n+} 消耗速率；M 为物质摩尔质量；ρ 为物质密度。

因此腐蚀沉积的速度场方程可表示为

$$u = u_{\text{dep}} \times \boldsymbol{n}_{\text{LS},x} \times H(0,6-\boldsymbol{\phi}) \tag{5-34}$$

$$v = (u_{\text{dep}} \times \boldsymbol{n}_{\text{LS},y} + u_{\text{corr}} \times \boldsymbol{n}_y) \times H(0,6-\boldsymbol{\phi}) \tag{5-35}$$

式中，u，v 分别为 x，y 方向腐蚀沉积速率；$\boldsymbol{n}_y$ 为指向电解域法线向量的 y 轴矢量；函数 $H(0,6-\boldsymbol{\phi})$ 将水平集变量与腐蚀沉积区域相衔接；$\boldsymbol{n}_{\text{LS},x}$、$\boldsymbol{n}_{\text{LS},Y}$ 分别为界面法线 $\boldsymbol{n}_{\text{LS}}$ 的 x，y 轴矢量，$\boldsymbol{n}_{\text{LS}}$ 由电势 $\boldsymbol{\phi}$ 定义

$$\boldsymbol{n}_{\text{LS}} = \frac{\nabla\boldsymbol{\phi}}{\left|\nabla\boldsymbol{\phi}\right|} \tag{5-36}$$

5.4.2　模型及边界条件设定

由前面的分析可知，腐蚀发生于镀层破损区与缝隙口之间，因而腐蚀沉积也将在这一区域进行。由于腐蚀沉积问题涉及物理场较多，收敛条件较为严格，为简化计算，提高模型收敛性，仅对镀层破损区与缝隙口间进行建模，也即阳极区位于缝隙底部，如图 5-28 所示。相应参数与 5.2.1 小

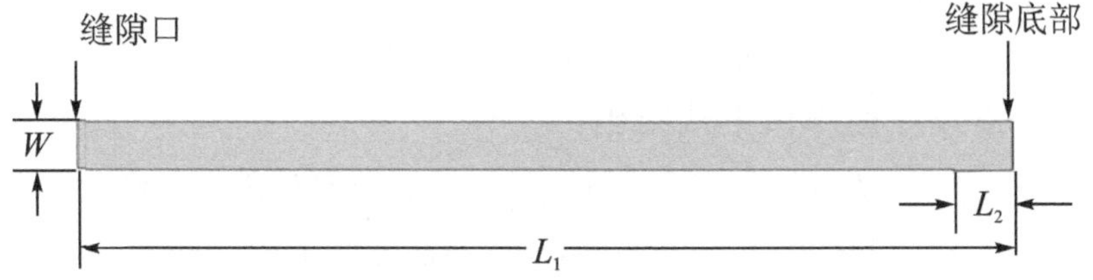

图 5-28　几何模型

节所讲的相同，在阴阳极交界处有 0.005 mm 的垂直高度差，以提高收敛性。

镀层破损使得基底材料与镀层材料构成电偶腐蚀体系，在镀层破损区发生阳极溶解反应产生 Cu^{2+}，其余完好区域发生 O_2 还原反应产生 OH^-，在电场作用下阴阳离子相向扩散、迁移，反应生成 $Cu(OH)_2$ 沉淀。

离子有效扩散系数由电解质及腐蚀沉积的扩散系数共同决定：

$$D_{i,eff}=\varepsilon_1 D_i+(1-\varepsilon_1)D_{i,cp} \tag{5-37}$$

式中，ε_1 为电解质体积分数；D_i 为电解质中的离子扩散系数；$D_{i,cp}$ 为腐蚀沉积产物中的离子扩散系数。

$D_{i,cp}$ 由下式求得：

$$D_{i,cp}=D_i(1-\varepsilon_p)+\frac{D_i}{N_M}\varepsilon_p \tag{5-38}$$

式中，ε_p 为孔隙率；N_M 为 MacMullin 数，与迂曲度 τ 和 ε_p 有关：

$$N_M=\frac{\tau}{\varepsilon_p} \tag{5-39}$$

电子迁移率由 Nernst - Einstein 关系给出：

$$u_{i,eff}=\frac{D_{i,eff}}{RT} \tag{5-40}$$

腐蚀电导率由溶液电导率 σ 与沉积区电导率 σ_{cp} 组成，称为有效电导率 σ_{eff}：

$$\sigma_{eff}=\varepsilon_1\sigma+(1-\varepsilon_1)\sigma_{cp} \tag{5-41}$$

σ_{cp} 由下式求得：

$$\sigma_{cp}=s_L^m\varepsilon_p^n\sigma \tag{5-42}$$

式中，s_L 为流体饱和度；m、n 为与流体相关的常数。

腐蚀沉积反应如下：

$$Cu^{2+}+2OH^-\rightarrow Cu(OH)_2 \tag{5-43}$$

Cu^{2+} 和 OH^- 反应速率由下式给出：

$$R_{s,Cu^{2+}}=k(c_{Cu^{2+}}\cdot c_{OH^-}^2-k_{sp})\times H(\xi) \tag{5-44}$$

$$R_{s,OH^-}=2k(c_{Cu^{2+}}\cdot c_{OH^-}^2-k_{sp})\times H(\xi) \tag{5-45}$$

式中，k 为沉积反应速率常数；k_{sp} 为沉淀平衡常数；$H(\xi)$为阶跃函数，ξ 由下式求得：

$$\xi = \frac{c_{Cu^{2+}} \cdot c^2_{OH^-}}{k_{sp}} - 1 \tag{5-46}$$

反应源项用 δ 定义

$$R_i = -R_{s,i}\delta \tag{5-47}$$

镀层破损阳极区极化曲线采用 25 ℃、pH 值为 8、质量分数为 3.5%的 NaCl 溶液实测曲线，在软件中以分段线性插值函数表示，如图 5－29 所示。

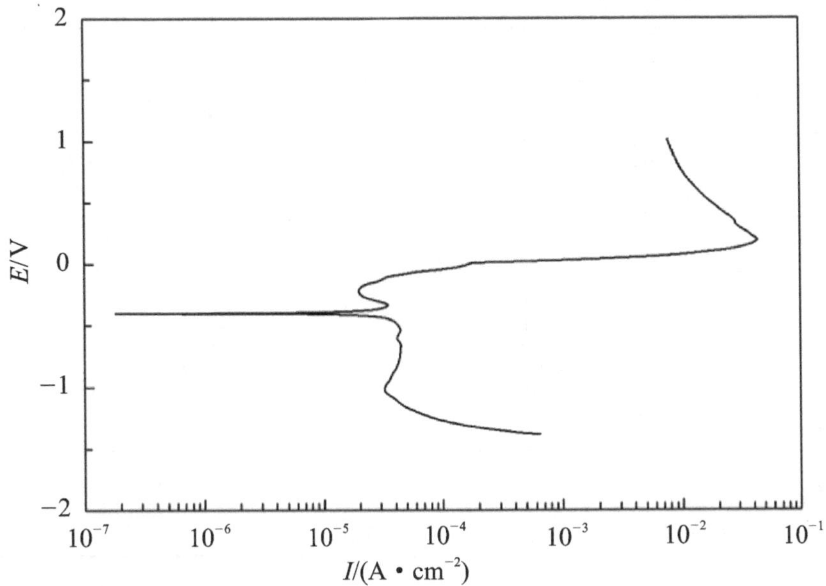

图 5－29　25 ℃、pH 值为 8、质量分数为 3.5% NaCl 溶液下的极化曲线

阴极区极化曲线仍采用阴极 Tafel 方程表示，且受浓度极化影响。

在阴阳极区边界物质条件满足：

$$-N_{OH^-} \cdot n = \frac{i_{loc}}{F} \tag{5-48}$$

$$-N_{Cu^{2+}} \cdot n = -\frac{i_{loc}}{2F} \tag{5-49}$$

式中，n 表示边界法线向量。

其余边界满足绝缘及无通量条件。

部分参数如表 5－5 所列。

表 5-5 仿真所需参数

名 称	参数符号	数值单位
阴极平衡电位	Eeq_cat	0.401 V
阴极交换电流密度	$i_{0,\mathrm{cat}}$	10^{-3} A/m^2
阴极 Tafel 斜率	A_c	−160 mV
电解液电导率	σ	5.6 S/m
Cu^{2+} 扩散系数	D_{Cu}	7.05×10^{-10} m^2/s
氢氧根扩散系数	D_{OH}	5.27×10^{-9} m^2/s
氢氧根浓度初始值	$c_{\mathrm{OH},0}$	10^{-6} mol/m^3
氧气浓度初始值	$c_{\mathrm{O_2},0}$	0.258 mol/m^3
溶度积	ksp	2.2×10^{-22} mol^3/m^9
沉淀反应速率常数	k	3.7×10^{-7} m^7 · mol^{-2} · s^{-1}
有效扩散系数因子	τ	1
腐蚀产物沉淀孔隙度	ε_{p}	0.55
流体饱和度	s_{L}	1
胶结系数	m	1
饱和系数	n	2

5.4.3 仿真结果分析

采用二次电流、变形几何、稀物质传递、水平集物理场耦合方法，瞬态研究铜在弱碱性溶液下的腐蚀沉积问题。

图 5-30 和图 5-31 所示分别为 0 h、24 h 时电解质电位分布，电位分布趋势相同，均由缝隙口向缝隙内部逐渐增大，在初始阶段电位大致处于 140 mV 附近，最大电位差达 21 mV。腐蚀反应经过极短暂时间就进入稳定腐蚀阶段，如图 5-32 所示，此时内部 O_2 被消耗殆尽，缝隙口 O_2 依靠扩散作用在极短距离内浓度降为 0。稳定阶段电位分布相同，均处于 208 mV 附近，最大电位差相比初始阶段急剧减小，仅为 3 mV。

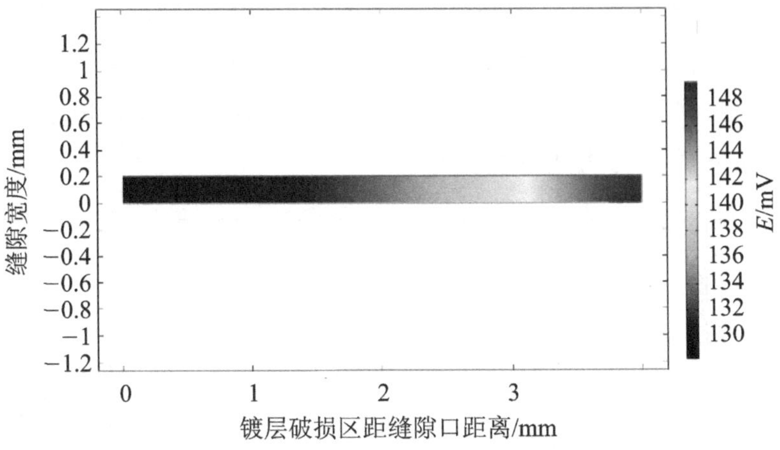

图 5-30　0 h 电解质电位分布

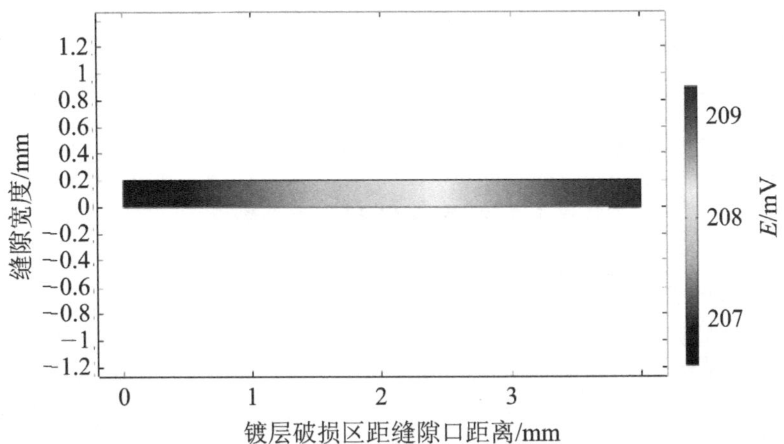

图 5-31　24 h 电解质电位分布

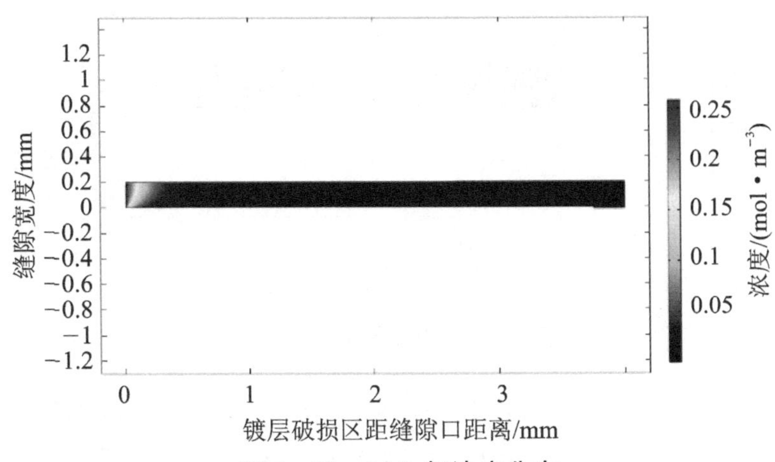

图 5-32　24 h 氧浓度分布

阴阳极电流密度也呈现典型的缝隙腐蚀形式，如图 5-33 所示，初始及稳定时电流密度差值较大，阴阳极电流密度符合电位差及浓度变化规律。图 5-34 所示为 7 d 后腐蚀厚度变化，沿缝隙深度差距极小，可认为处于 31.37 μm 的均匀腐蚀厚度变化。

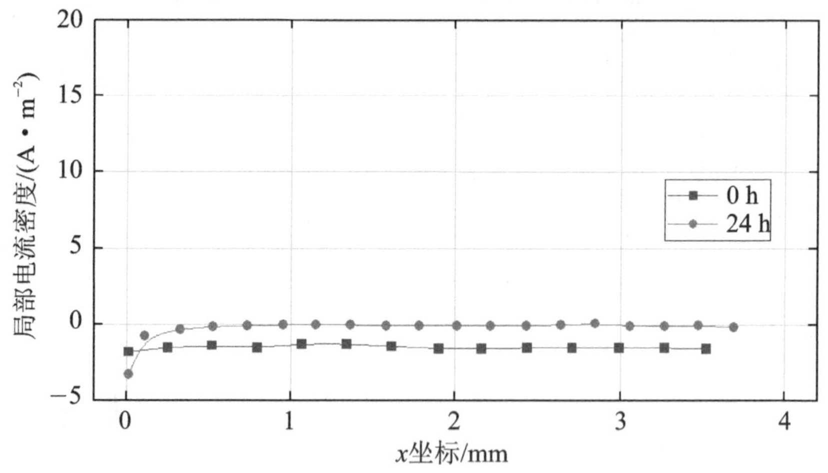

图 5-33　0 h 和 24 h 电流密度

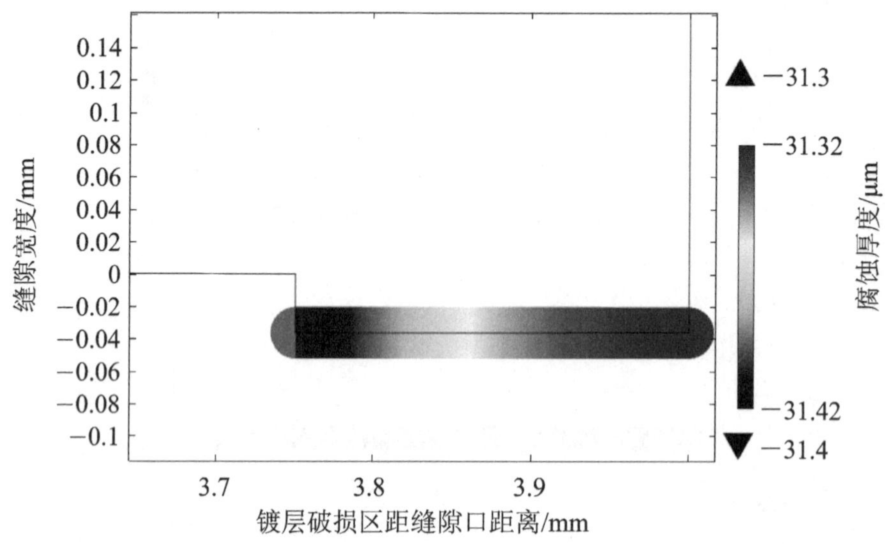

图 5-34　168 h 腐蚀总厚度

图 5-35 和图 5-36 所示分别为阴阳极离子浓度分布，均呈现由一端向另一端递减的趋势，由于 OH^- 扩散系数远大于 Cu^{2+} 扩散系数，腐蚀沉

积主要形成于镀层破损区。溶液中沉积反应达到平衡状态，因而离子浓度不随时间变化，处于稳定状态。图 5－37 和图 5－38 所示为 7 d 后腐蚀沉积区域，在阴极反应区，腐蚀沉积厚度随缝隙向内逐渐增大，长时间腐蚀后将缩减缝隙宽度，使得物质迁移受阻，进而会形成闭塞电池自催化效应。镀层破损区腐蚀产物的不断沉积，会形成较为致密的隔离层，使得腐蚀反应受到一定抑制。

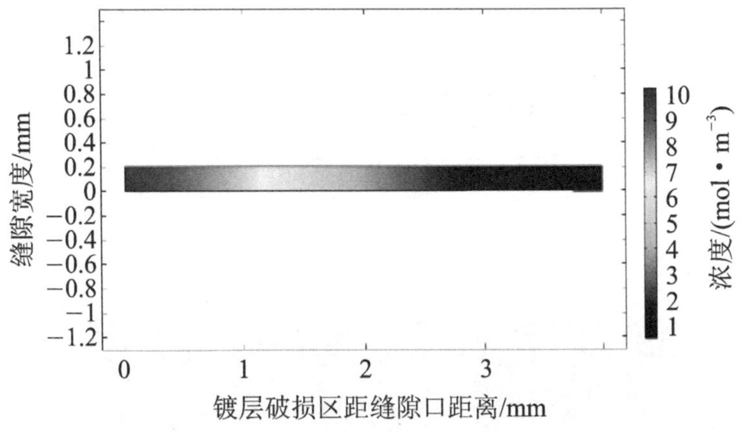

图 5－35　24 h OH^- 浓度分布

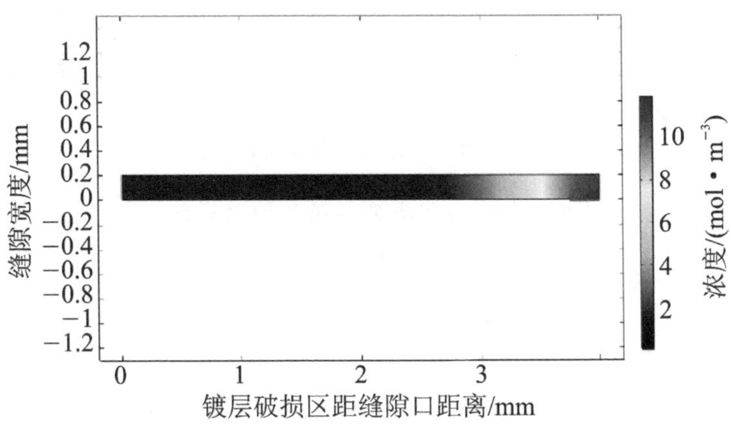

图 5－36　24 h Cu^{2+} 浓度分布

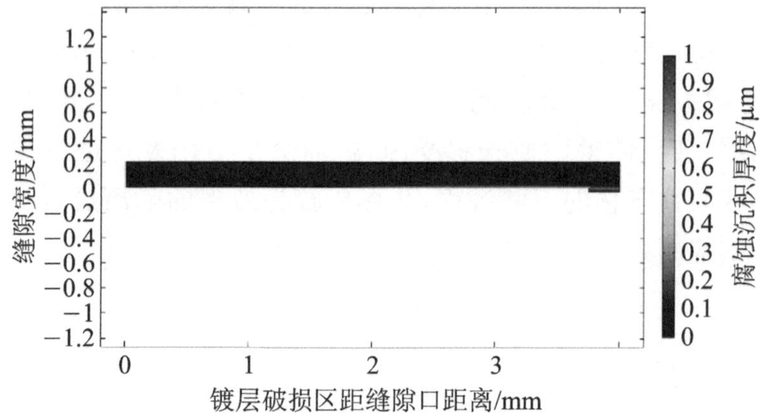

图 5-37　168 h 腐蚀沉积厚度

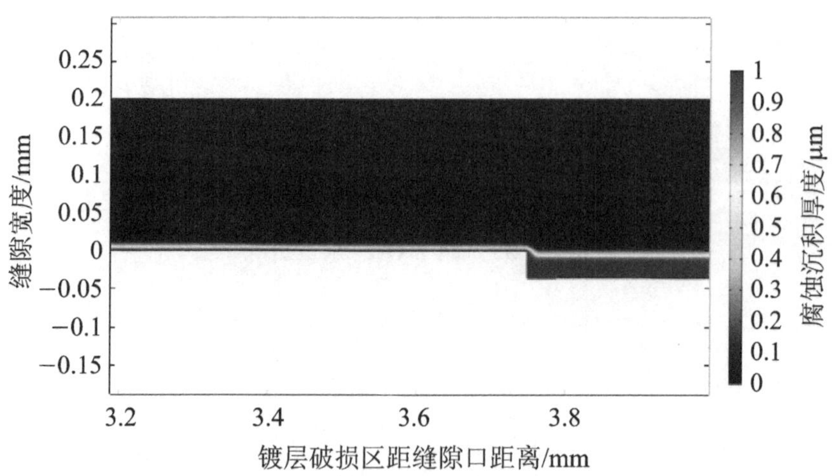

图 5-38　168 h 腐蚀沉积厚度局部

第6章　外部防护产品的防腐效应试验与效果分析

电气设备专用缓蚀剂作为一种重要的腐蚀防护手段愈发受到重视，但目前在现役飞机中尚未得到推广，对缓蚀剂的作用效能缺乏有力试验佐证。本章将介绍筛选试验，评定缓蚀剂效能，并提出相应腐蚀防护建议。

6.1　缓蚀剂的分类及作用原理

对金属进行腐蚀防护除在材料、结构设计中进行防腐蚀设计外，常有三类腐蚀防护方法：电化学防护、覆盖层防护、环境控制防护。电化学防护分为阴极保护、阳极保护和牺牲阳极法。覆盖层防护是通过物理隔绝方式使得金属与腐蚀环境分隔开，采用电镀耐蚀材料是其常见形式。环境控制防护主要是指缓蚀剂防护。

阳极保护是针对具有钝化区而不能自钝化的金属所采用的一种电化学防护方法，钝化成本取决于致钝电流密度 $i_{致}$ 与维钝电流密度 $i_{维}$ 大小，当两者较小时，阳极保护具有可行性。牺牲阳极法是通过将腐蚀电位更负的金属与被保护金属实现电连接，被保护金属腐蚀电位负移，进而减小腐蚀电流。牺牲阳极法要求阳极金属电位足够负且腐蚀产物可均匀溶解，常见金属有镁、锌、铝等。

环境控制防护方法一方面是去除环境中的腐蚀性物质，如除氧、调节pH值等，另一方面是通过添加缓蚀剂，降低腐蚀速率。由于电化学防护常用于对大型设备海水腐蚀防护，对电连接器等小结构部件不具备可行性，而缓蚀剂使用方便、投资较少，常常作为腐蚀防护的重要手段，尤其是对于结构材料复杂的电子设备，缓蚀剂的使用更为普遍。在对飞机防护体系不进行大幅改动的情况下，使用缓蚀剂可对飞机进行附加防护，同时缓蚀剂对多种金属均有良好的防护作用，避免了针对不同金属防护的复杂性,也可用于涂层开裂、损坏部位,作为涂层破坏后的修复手段之一。美海军多种反潜机采用缓蚀剂防护,飞机腐蚀速率大大降低,也降低了维护费用,减少了维护工时。

缓蚀剂是指在腐蚀介质中以适量形式存在(一般是很少量),能显著降低金属腐蚀速率的一类物质。缓蚀剂按照其抑制的反应可分为阳极型、阴极型和混合型缓蚀剂,按照成膜理论可分为氧化膜型、沉淀膜型和吸附膜型。氧化膜型缓蚀剂主要是指钝化剂,属于阳极型缓蚀剂,促进金属转向钝化区,生成氧化物膜,从而大大降低腐蚀速率。由于钝化剂大多是无机盐,虽然缓蚀效果较好,但使用量必须充足,如果剂量不足反而会导致腐蚀速率增大或发生孔蚀现象,而且钝化剂大多毒性较大,如铬酸盐、亚硝酸盐等,因而使用受到极大限制。沉淀膜型缓蚀剂是通过在金属表面形成沉淀膜抑制腐蚀,应用较多的是磷酸盐。目前具有广阔应用前景的是有机类的吸附膜型缓蚀剂,缓蚀剂本身物质或其反应产物吸附于金属表面,阻碍阴阳极电极反应。吸附膜型缓蚀剂要求金属表面洁净,主要用于酸性溶液。

有关吸附膜型有机缓蚀剂的作用原理主要有几何覆盖效应和负催化效应。几何覆盖效应是指吸附膜将金属与溶液隔离开,使得吸附膜覆盖区反应受到抑制,而未覆盖区反应正常发生,进而减缓腐蚀;负催化效应是指缓蚀剂像催化一样影响反应动力学机制,使得反应活化能位垒升高,通过增大反应难度进而减缓腐蚀。

6.2 筛选试验

6.2.1 缓蚀剂

本试验涉及 H1、H2、H3 三种类型的缓蚀剂。

6.2.2 试验对象

缓蚀剂筛选试验是为对比分析热带海洋环境下缓蚀剂对电子元器件的腐蚀防护效果,为电子元器件的腐蚀防护策略提供依据。试验对象、试验设备、试验过程与本书第 4 章中所讲的加速和自然环境试验相同,具体信息如表 6－1 和表 6－2 所列。

表 6－1　电连接器试验件信息

编　号	缓蚀剂类型	试验方式(条件)
BB02－03	H1	模拟西沙试验站环境加速
BB04－05	H2	
BB06	H3	
BB08－009	H1	模拟万宁环境加速
BB10－11	H2	
BB12	H3	
CC03	H1	模拟西沙试验站环境加速
CC04	H2	
CC05	H3	
CC08	H1	模拟万宁环境加速
CC09	H2	
CC10	H3	
DD03	H1	模拟西沙试验站环境加速
DD04	H2	
DD05	H3	
DD08	H1	模拟万宁环境加速
DD09	H2	
DD10	H3	
B04－06	H1	西沙试验站
B07－09	H2	
B10－12	H3	
B16－18	H1	万宁
B19－21	H2	
B22－24	H3	

续表 6-1

编　号	缓蚀剂类型	试验方式(条件)
C03-04	H1	西沙试验站
C05-06	H2	
C07-08	H3	
D03-04	H1	
D05-06	H2	
D07-08	H3	

表 6-2　PCB 试验件信息

时　间	编　号	缓蚀剂类型	试验方式(条件)
0 个月	19602～19605	H1	模拟西沙试验站环境加速
	19606～19609	H2	
	19610～19613	H3	
	19615～19618	H1	模拟万宁环境加速
	19619～19622	H2	
	19623～19626	H3	
3 个月	18312	无	西沙试验站
	18313	H1	
	18314	H2	
	18315	H3	
6 个月	18316	无	
	18317	H1	
	18318	H2	
	18319	H3	
9 个月	18320	无	
	18321	H1	
	18322	H2	
	18323	H3	

续表 6-2

时　间	编　号	缓蚀剂类型	试验方式(条件)
12 个月	18324	无	西沙试验站
	18325	H1	
	18326	H2	
	18327	H3	

6.3　PCB 防腐蚀效果分析

6.3.1　腐蚀外观

PCB 处在自然环境试验中不同时间时的外观如 4.2.3 小节中的图 4-14 所示。

在试验 3 个月时，引线孔均未出现明显腐蚀。试验 6 个月时，未使用缓蚀剂的样品出现了轻微的腐蚀，有少量引线孔表面生成了黄色产物，使用缓蚀剂的样品未见腐蚀。试验 9 个月时，未使用缓蚀剂样品腐蚀已经非常严重，几乎全部引线孔周围均堆积了大量的腐蚀产物，产物颜色为深褐色。使用 H1、H2 的样品未见明显腐蚀，使用 H3 的样品有少量引线孔表面出现了少量淡黄色腐蚀产物。试验 12 个月时，未使用缓蚀剂的样品已经全部腐蚀，表面堆积大量黑色产物；使用 H1、H3 的样品也出现了一定程度的腐蚀，部分引线孔有黄色腐蚀产物堆积；使用 H2 的样品腐蚀程度最轻微，部分引线孔周围堆积了少量产物，产物颜色较浅。

从外观进行对比，防护效果为 H2＞H1，H3＞无缓蚀剂。PCB 加速试验的效果结论与自然环境试验相同，在此不再赘述。

6.3.2　电性能参数

对 PCB 在试验第 3、6、9、12 个月时分别进行了接触电阻测试，结果如 4.2.3 小节中的图 4-16 所示。可以看出，未使用缓蚀剂样品的接触电阻高于使用缓蚀剂的样品；接触电阻与时间呈整体上升趋势，基本与腐蚀程度正相关。但是未使用缓蚀剂的样品在试验12个月时接触电阻出现了较大幅度的下降,可能是腐蚀深度加深致使内层引线暴露导致的。

从电性能参数方面对比,使用缓蚀剂效果优于不使用缓蚀剂,但三种缓蚀剂的效果基本一致。PCB加速试验的效果结论与自然环境试验相同,在此不再赘述。

6.3.3 微观分析

对自然暴露12个月的PCB进行电镜观察和能谱分析,结果如4.2.3小节中的图4-18所示。可以看出,各样品均发生了严重的腐蚀。未使用缓蚀剂的样品腐蚀最严重,引线孔被大量黑色产物覆盖,形成多处鼓泡。使用缓蚀剂H1和H2的样品引线孔表面也被腐蚀产物完全覆盖,形成了较多数量的鼓泡。使用H3缓蚀剂的样品引线孔表面被较多的黑色产物覆盖,部分区域呈现白色金属光泽,可能是表面腐蚀产物由于外力作用而脱落。通过元素分析可知,各样品腐蚀产物的主要成分是Sn、O、C和Pb,其次为少量的Cl、Na等,产物应是基材Sn和焊料中Pb的氧化物及少量氯化物。

从微观分析角度,三种防护剂的效果基本一致,H3的防腐蚀效果略优于其他两种缓蚀剂。PCB加速试验的效果结论与自然环境试验相同,在此不再赘述。

6.4 电连接器防腐蚀效果分析

6.4.1 中性盐雾环境

1. 腐蚀外观

电连接器的腐蚀外观变化如4.1.2小节中的表4-2所列。可以看出,在试验第一阶段的湿热+中性盐雾试验条件下,经历14轮循环共49 d,电连接器的外部壳体未见明显的腐蚀,表面未见腐蚀产物,镀层保持较完好;在法兰盘棱角、边缘等易腐蚀位置也未见鼓泡、粉化等现象。这表明在中性盐雾环境下,短时间内无法通过外观对比各缓蚀剂的防腐蚀效果。

2. 电性能参数

电连接器的接触电阻在试验第一阶段的变化如 4.1.2 小节中的图 4－5 所示。可以看出，整个试验阶段，各样品的接触电阻在 67 mΩ 左右，最大值与最小值相差不超过 3 mΩ，整体上保持稳定。不同曲线表现出了相似的轻微波动趋势，这应该与测试实验室的相对湿度有关。

6.4.2 酸性盐雾环境

1. 腐蚀外观

电连接器第二阶段在连接状态试验 14 d，然后在打开状态分别试验了 6 h、1.5 d、4.5 d 和 12.5 d。其最终的腐蚀外观见 4.1.2 小节中的表 4－4。可以看出，电连接器外壳仍未出现显著的腐蚀现象。各样品均有插针尖端涂覆层裸露现象，部分插针底部凝聚了白色结晶物。插孔表面出现了白色聚集物质，插孔周围出现红褐色腐蚀产物。

2. 电性能参数

电连接器第二阶段接触电阻变化如 4.1.2 小节中的图 4－8 所示。可以看出，在连接状态试验 14 d 后，各样品的接触电阻没有明显变化。在打开状态下，使用 H1 的样品在打开状态 1.5 d 后接触电阻显著增加到 90 mΩ 以上，并在后续试验中持续增加，检查测试结果发现，10 号、28 号、40 号位置的接触电阻均有明显增加；使用 H2 的样品在 4.5 d 后接触电阻剧增，测试结果表明 10 号位置的接触电阻增加了约 10 mΩ，16 号位置增加至超出了仪器量程；使用 H3 的样品同样在 4.5 d 后接触电阻剧增，16 号、40 号位置的接触电阻超出了仪器量程，10 号、28 号的则增加至 500 mΩ 以上；未使用缓蚀剂的样品在 4.5 d 时出现剧增，注意是 16 号位置的接触电阻增加至 8 600 mΩ 以上，但在 12.5 d 试验后又恢复到正常水平，推测是由于腐蚀产物在新一轮试验中发生了溶解。

从电性能开始变化的时间、变化的幅度综合来看，防腐蚀效果为 H2、H3＞H1。

3. 微观分析

电连接器在经历了全部试验后的腐蚀放大形貌如 4.1.2 小节中的图 4－10

所示。可以看出，插孔出现了明显的腐蚀，其中，无缓蚀剂的样品腐蚀最严重，出现了大量的腐蚀坑，孔洞较为密集，形成絮状结构，在插孔周围甚至出现了数毫米长的裂纹；使用缓蚀剂 H1 和 H2 的样品也形成了大量的腐蚀坑和点状腐蚀产物，形成了剥落层；使用 H3 的样品有点状腐蚀产物生成，但未见明显的腐蚀坑和剥落层，腐蚀情况相对较轻。腐蚀产物主要成分(按原子百分比)为 C、Na、O、Cl 四种元素，腐蚀产物应为碳酸化合物和氯化物。

插针表面腐蚀产物的主要成分为 C、O、Na、Cl 四种元素，腐蚀产物应为碳酸化合物和氯化物。加速试验后插针表面未发现 Au 元素，说明表面镀金层已经全部腐蚀。无缓蚀剂的样品中未检测到 Ni 元素，说明插孔表面的镀镍层应该已经全部腐蚀，而使用缓蚀剂的样品的 Ni 元素质量分数在 1%左右，说明镀镍层尚未完全腐蚀，体现了一定的防腐蚀作用。

综合来看，防护效果为 H3＞H1，H2＞无缓蚀剂。

6.5 结　论

分别采用自然环境试验和加速腐蚀试验，对 PCB 和电连接器的 4 种状态(使用 3 种不同的缓蚀剂和无缓蚀剂)样品进行腐蚀试验，从腐蚀外观、电性能参数变化和微观分析角度对 3 种缓蚀剂的防腐蚀效果进行了定性分析：

① 对 PCB 而言，从腐蚀外观的角度，防护效果为 H2＞H1、H3＞无缓蚀剂；从电性能参数变化的角度，3 种缓蚀剂的防护效果相当；从腐蚀微观形貌和腐蚀产物的角度，H3 防腐蚀效果略优于 H1 和 H2。

② 对电连接器而言，中性盐雾环境下腐蚀进程较慢，试验中未能体现 3 种缓蚀剂防腐蚀能力的区别；酸性盐雾环境下，3 种缓蚀剂在外观方面的防护效果基本一致；从电性能参数变化的时间和幅度综合来看，防腐蚀效果为 H2、H3＞H1；从微观腐蚀形貌和产物来看，防护效果为 H3＞H1、H2＞无缓蚀剂。

③ 对于不同的对象、不同的使用环境和不同的评价指标，缓蚀剂的防腐蚀效果会有所不同，因此，实际中应根据产品种类、使用条件和关键使用要求，选择合适的缓蚀剂。

第7章　机载电子元器件腐蚀防护策略

目前，飞机电子元器件现行腐蚀防护缺乏有效措施和手段，甚至出现用汽油清洗连接器、继电器、接触器的错误做法。外场人员对连接器、继电器、接触器的腐蚀检查和腐蚀后的处理无章可循，缺少电子设备等元器件的腐蚀检查维修和操作规范等技术指导流程。外场若缺乏有效的检查与防护方法，电连接器使用寿命将大大缩短，装备可靠性也将受到严重影响。因此，本章将研究典型机载电子元器件在热带海洋环境下的腐蚀防护策略，以期给出合理有效、可操作性强的腐蚀防护与控制措施。

7.1　电子元器件环境分区

电子元器件在飞机上的安装部位不同受环境影响的腐蚀程度也不同，因此在外场使用维护过程中应根据安装和使用特点，按分区分类的原则筛选出易发生腐蚀的电子元器件，对其重点进行日常检查和维护。电子元器件环境分区如表7-1所列。

表7-1　电子元器件环境分区

环境等级	结构区域	环境要素与使用特性
内部封闭	驾驶舱、工作舱、设备舱	相对湿度一般不大于70%，通常不直接暴露在海洋大气中，但偶尔受少量湿气、盐雾和燃料废气的作用（维修过程中，经常开启驾驶舱、工作舱、设备舱等的舱门，高湿热、高盐雾和含燃料废气腐蚀大气将进入舱内）

续表 7－1

环境等级	结构区域	环境要素与使用特性
内部半封闭	尾翼、垂尾盒段、前缘内部、机翼(非气密)、发动机热影响区、旋罩组件及支架	相对湿度较大(80％～95％),不直接暴露在海洋大气中,但受其密封性的影响,受到一般湿气(少量雨水、凝露)、盐雾、燃料废气等的作用
敞开外露	发动机舱、飞机外部、机翼后梁外侧、尾翼后梁外侧、起落架舱	相对湿度大于 95％,直接暴露在恶劣海洋大气中,长期遭受高湿热、高盐雾和含燃料废气腐蚀大气的直接作用(盐雾环境最为恶劣)

7.2 电连接器腐蚀外场检查与处理

7.2.1 工作流程

电连接器的腐蚀外场检查与处理工作主要通过维护人员进行定期和不定期的腐蚀检查、识别与处理,以及腐蚀信息的分析与反馈等工作来实现,其流程见图 7－1。

7.2.2 一般要求

1. 人员要求

从事电连接器腐蚀的外场防护工作人员必须具有相应的上岗资质,具体要求如下:

① 经过航空电连接器的腐蚀识别、检查处理、腐蚀防护和适当的文件报告等相关培训;

② 掌握电连接器的材料性质、检查技术要求、腐蚀处理和防护方法;

③ 掌握所使用清洗剂、缓蚀剂、防护用品及耗材的性能、用途、适用范围及使用方法;

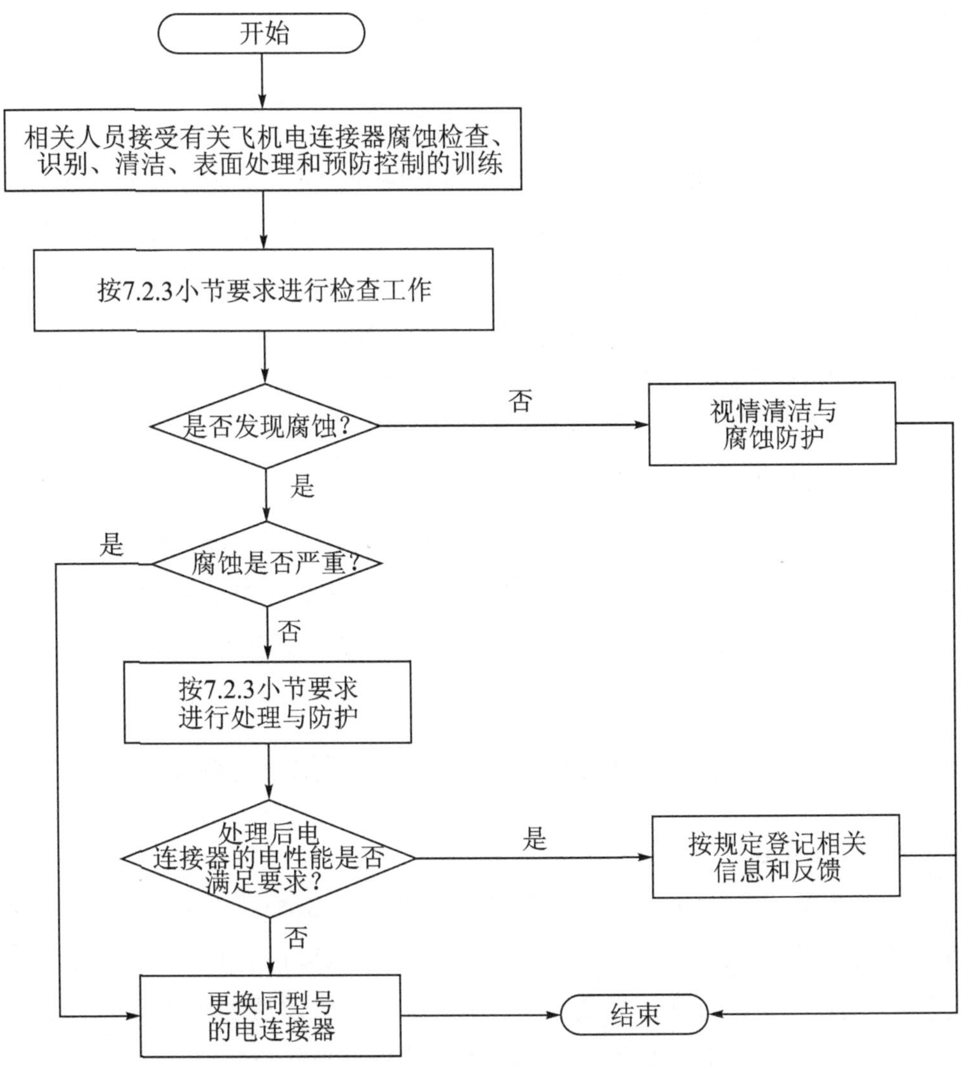

图 7-1　电连接器外场腐蚀检查与处理的一般流程

④ 能正确使用腐蚀检查、清洁、修理及防护工具；

⑤ 掌握型号飞机技术文件中有关腐蚀防护与控制和安全等方面的要求。

2. 工具和耗材要求

电连接器的外场腐蚀检查和处理工作中用到的工具及耗材应符合洁净、完好、安全、可靠的要求，工具及耗材如下：

电连接器拆装配套工具、手电筒、反光镜、放大镜、手动喷壶、量筒或量杯、打磨笔、砂纸、毛刷、棉签、清洁抹布、清漆、百洁布、压敏胶带、清洗剂、缓蚀剂、无水乙醇。

3. 清洗剂和缓蚀剂

清洗剂和缓蚀剂应适用于电连接器的腐蚀处理与防护；机务保障人员根据飞机的使用及环境特点选择合适的清洗剂和缓蚀剂。使用过程中应按说明书要求使用清洗剂和缓蚀剂。不得使用超过有效期的清洗剂和缓蚀剂。使用闪点低于 60 ℃的清洗剂和缓蚀剂时，不应使用易产生静电的材料制成的抹布进行擦拭；清洗剂和缓蚀剂应远离火源及易产生电弧光处，不同种类的清洗剂和缓蚀剂不得混合使用。

4. 实施时机

应根据飞机服役环境、使用维护要求及飞机的实际情况确定实施时机。一般可结合部队飞机基本维护、飞行保障、定检、季节转换、故障处理等维护保障工作开展，对于部队无法检查与处理的部位可结合飞机大修时机进行。

7.2.3 飞机电连接器腐蚀外场检查与处理的具体要求

1. 检查准备

机务保障人员在进行电连接器腐蚀外场检查前应确认断开飞机电源，将飞机可靠接地；重点对飞机敞开暴露区、半封闭区进行检查；同时在检查过程中应注意检查到电连接器的上下侧、左右侧以及后侧可视区域腐蚀情况。对视野盲区使用反光镜和手电筒进行检查。

2. 检查程序

机务保障人员首先用清洁抹布蘸清洁剂擦拭选定的电连接器的外表面，去除灰尘或污染物；然后使用手电筒、反光镜、放大镜等工具，对电连接器进行目视检查。若有轻微锈蚀、发黑，但从外表面腐蚀情况无法判定是否可继续使用时，必须断开电连接器，用放大镜检查内部腐蚀情况；若外表面已大块腐蚀或腐蚀较深且出现掉块(粉)的情况，电连接器直接换新。如内部有腐蚀，应确定腐蚀类型和损伤程度。如腐蚀严重，更换插针、插孔或电连接器，若是轻微腐蚀则按照要求进行腐蚀处理与防护；最后对检查的电连接器按规定登记相关腐蚀信息。

3. 腐蚀检查判据

电连接器外场检查过程中腐蚀现象检查的判据如下：

① 电连接器的外壳体应无污垢、锈蚀或电镀层脱落；

② 电连接器内部应无化学侵蚀、腐蚀、锈斑、裂缝、内部结晶和磨损；

③ 接触件外观应无积炭、露铜、发黑、锈蚀、镀层脱落等缺陷。插针及插孔孔口处应无金属粉末；

④ 电连接器的连接螺纹及定位键/槽应无腐蚀、磨损；

⑤ 橡胶密封垫圈表面没有损坏，无老化现象；

⑥ 绝缘体应无龟裂、明显掉块、气泡等缺陷；

⑦ 检查电缆的防护套是否老化、破损，绝缘层是否良好。

4. 清洗和处理

对待处理的电连接器，在进行腐蚀处理与防护前首先要完成清洗，清洗前应做如下准备：

① 确认所检查的电连接器供电断开，飞机可靠接地；

② 将电连接器的插头、插座拧松并分解；

③ 用塑料/金属堵盖或压敏胶带将开口及待处理区域周围进行遮盖防护，防止水、溶剂或清理物进入电连接器附件或组件内部；

④ 配制清洗溶液，将适用的清洗剂按使用说明书进行配制。

5. 电连接器外表面的清洗与处理

(1) 灰尘、污垢和油脂的清理

用黏性纱布、合适的毛刷或棉签蘸清理剂清洗污染区域，直至洗净为止；目视无油渍、污垢后，用干净的百洁布检测无黑色为清洗合格；进行自然风干。

(2) 腐蚀物的清除

用砂纸或打磨笔清除外表面的腐蚀产物；采用 10 倍放大镜检查确认腐蚀彻底清除干净；用干抹布把打磨产生的粉尘擦拭干净，再用干净的抹布蘸取清洗剂擦拭，待外表面完全干燥(可用干抹布擦拭加速干燥)；表面涂清漆防护，注意防止清漆流入搭接线的搭接间隙，影响电搭接效果。

6. 电连接器内部的清洗与处理

对于电连接器内部的金属粉末，用小刷子和无水乙醇对污染区域进行清洗；插针和插孔孔口部位有发黑现象的，应对该处用毛刷或棉签蘸清洗剂进行打磨处理，打磨后使用无水乙醇清洗露出光洁面；如有露铜、锈蚀、积炭等现象，则更换插孔、插针；用清洁抹布擦除多余的无水乙醇。

7. 清洁度要求

电连接器清理后应采用目视检查和绝缘电阻测量方法进行清洁度评估。

(1) 目视检查

使用10倍放大镜对清洁后的电连接器进行检查，表面应无明显的残留物存在。

(2) 绝缘电阻测量

对清洁后的电连接器进行绝缘电阻的测量，绝缘电阻不应小于产品技术要求的潮湿条件下的绝缘电阻值。

8. 清理后的防护处理

清理步骤完成后，再检查受污染区域是否有残留物、表面薄膜或水。如果受污染区域仍然不干净，则重复进行清理操作，使用电子设备专用缓蚀剂按使用说明对已清洗干净的部位进行防护。喷涂后自然风干，使用压敏胶带对壳体、尾部附件和线缆进行密封包扎。

9. 防腐蚀保存

腐蚀防护中对不能及时清理完成的电连接器，应对电连接器进行正确的封盖和存放；对仅包含电气插头的电连接器和拆解下的插针、插孔等小型元件，使用塑料袋进行短期贮存。长期贮存时，使用泡沫塑料包装材料和干燥剂，以防潮湿和碰撞。

7.2.4 电连接器腐蚀处理信息的收集和管理

建立完善的飞机电连接器腐蚀数据库，加强对电连接器腐蚀信息的统计分析和信息反馈工作。

7.3　PCB 的检查与处理

PCB 主要位于飞机内部封闭区机箱内，不易发生腐蚀，因此在飞机外场的基本维护、飞行保障、定检、季节转换、过程中不需要进行腐蚀的检查和处理。但为防止 PCB 的三防漆失效，影响飞行安全，可结合飞机的故障处理、飞机大修工作对 PCB 喷涂缓蚀剂以减缓腐蚀。本书 6.2 节中的缓蚀剂筛选试验表明其对腐蚀具有良好的防护作用，综合电阻与形貌分析对三种缓蚀剂的效果做出评定，显示 H2 型缓蚀剂作用效果最佳，故建议使用 H2 型缓蚀剂以提高装备防腐蚀性能。

7.4　结论与建议

综合试验与仿真的结果，针对电子元器件腐蚀防护还提出以下结论与建议：

① 选用耐海洋环境的电连接器。

② 重点关注接触件前端的腐蚀状况。

③ 避免电连接器内部处于大气环境中，在对其进行检修更换时，及时使用堵盖密封处理。

④ 及时去除电连接器表面沉积的 NaCl 颗粒，尤其要注意缝隙、凹槽等易积聚部位。

⑤ 尽可能减少不必要的插拔次数，拆卸过程中要用力准确得当，在检查周期以外仅需对外部进行适当清洗维护。

⑥ 腐蚀维护周期应逐步缩减，以确保装备后期可靠性。

⑦ 定期清洗是减缓电连接器腐蚀的重要手段，要及时清除表面沉积的盐雾、灰尘等腐蚀性污染物，减少腐蚀外在因素。

⑧ PCB 若出现腐蚀现象或故障，要对腐蚀情况进行详细记录，为进一步的研究提供数据库积累。

参考文献

[1] 王岭,杨万均,张世艳,等.热带海洋大气环境下电连接器环境适应性分析[J].装备环境工程,2012,9(6):5-9.

[2] 梁彩凤,侯文泰.大气腐蚀与环境[J].装备环境工程,2004,1(2):49-52.

[3] 张友兰.海洋环境条件对机载电子设备的影响[C].庐山:电子产品防护技术研讨会,1998.

[4] 张先勇,舒德学,陈建琼.海南万宁试验站大气环境及腐蚀特征研究[J].装备环境工程,2005,2(4):77-79.

[5] 李家柱.大气环境及腐蚀性[J].装备环境工程,2005,2(2):58-61.

[6] Tomashov N D. Development of the Electrochemical Theory of Metallic Corrosion[J]. Corrosion,1964,20(1): 7-14.

[7] 程英亮.铝合金在本体溶液以及薄层液膜下腐蚀的电化学研究[D].杭州:浙江大学,2003.

[8] 王佳.液膜形态在大气腐蚀中的作用[M].北京:化学工业出版社,2017.

[9] 陈跃良,吕国志,段成美.基于人工神经网络的结构腐蚀损伤定量预测[J].西北工业大学学报,2002,20(3): 368-372.

[10] 陈跃良,杨晓华,吕国志.结构腐蚀损伤定量预测方法对比研究[J].中国腐蚀与防护学报,2003,23(1): 52-55.

[11] 王安东,陈跃良,张勇,等.基于灰色马尔科夫模型的2A12铝合金腐蚀预测方法研究[J].装备环境工程,2014,11(6): 22-28.

[12] 王如君,王天瑜.灰色-马尔科夫链模型在埋地油气管道腐蚀预测中的应用[J].中国安全生产科学技术,2015,11(4): 102-106.

[13] 李响,余建星,苗春生,等.基于遗传算法SVM的海洋环境腐蚀速率

预测[J]. 中国海洋平台，2018，33(5)：56-62.

[14] 董超，李静娴，张安民. 改进 CPSO-LSSVM 的腐蚀预测模型[J]. 计算机工程与设计，2019，40(6)：1682-1688.

[15] 王晨光. 海洋大气环境下 7B04 铝合金结构稳/瞬态腐蚀行为预测及验证[D]. 烟台：海军航空大学，2017.

[16] 陈跃良，王安东，卞贵学，等. CF8611/AC531 复合材料的电化学特性及其与 7B04 – T74 铝合金的电偶腐蚀仿真[J]. 材料导报，2018，32(8)：2889-2896.

[17] 王安东，陈跃良，黄海亮，等. 异种金属结构电偶腐蚀的边界元仿真及验证[J]. 南京航空航天大学学报，2017，49(S)：62-68.

[18] 陈跃良，王哲夫，卞贵学，等. 不同浓度 NaCl 溶液下典型铝/钛合金电偶腐蚀当量折算关系[J]. 航空学报，2017，38(3)：420450-1-420450-9.

[19] 樊玉光，罗文斌，等. 0Cr18Ni10Ti 缝隙腐蚀行为的数值模拟研究[J]. 化工技术与开发，2017，46(11)：51-54.

[20] 郁大照，王泗环，王腾，等. 铜在弱酸性缝隙溶液下的局部腐蚀仿真[J]. 兵器装备工程，2020(5)：175-178.

[21] 刘昕瑜. 20＃钢湿气集输管道内腐蚀预测方法研究[D]. 成都：西南石油大学，2017.

[22] 韩宁. 基于 OLGA 软件的南海某天然气管道腐蚀模拟研究[D]. 成都：西南石油大学，2016.

[23] 兰志刚. 海洋石油平台导管架阴极保护数值仿真研究[D]. 北京：中国科学院研究生院，2012.

[24] 崔铭伟，郭恒星，雷文慧，等. 含 CO_2 湿气管道内腐蚀仿真研究[J]. 腐蚀与防护，2015，36(5)：58-61.

[25] 刘艳洁，王振尧，柯伟，等. 薄液膜下铝合金与不锈钢电偶腐蚀研究[J]. 装备环境工程，2015，12(1)：1-5.

[26] 陈跃良，王安东，张勇，等. Cl^- 和 H^+ 对 2024 – T3 铝合金初期腐蚀的协同效应[J]. 材料导报 A，2018，32(5)：1549-1556.

[27] Young Woo Park, T S N Sankara Narayanan 1, Kang Yong Lee. Effect of temperature on the fretting corrosion of tin plated copper alloy contacts[J]. Science Direct, 2007, 262: 320-330.

[28] Nguyen van Phuong, Min-Sik Park, Chang Dong Yim, et al. Corrosion protection utilizing Ag layer on Cu coated AZ31 Mg alloy[J]. Corrosion Science, 2018, 31(25): 1-9.

[29] Dai Nianwei, Zhang Junxi, Chen Qimeng, et al. Effect of the direct current electric field on the initial corrosion of steel in simulated industrial atmosPHeric environment[J]. Corrosion Science, 2015, 99: 295-303.

[30] 朱蒙，李明，朱金阳，等. 酸性盐雾环境下连接器接触件腐蚀行为研究[C]. 哈尔滨：2018 第五届装备环境工程发展论坛，2018.

[31] 李明，朱金阳，李刚，等. 典型航空装备用金属材料在不同酸性盐雾下的腐蚀效应及机理[C]. 哈尔滨：2018 第五届装备环境工程发展论坛，2018.

[32] 朱蒙，李明，李刚，等. 不同环境下微动开关腐蚀形貌及接触电阻变化对比分析研究[C]. 哈尔滨：2018 第五届装备环境工程发展论坛，2018.

[33] 牟子方，魏汝祥，袁昊劼，等. 美军腐蚀防护与控制项目研究[J]. 情报杂志，2017，36(5)：37-41.

[34] 侯保荣，路东柱. 我国腐蚀成本及其防控策略[J]. 中国科学院院刊，2018，33(6)：601-609.

[35] 江依义. 酸化缓蚀剂的合成及其缓蚀性能研究[D]. 杭州：浙江大学，2013.

[36] 赵文秀. 高温酸化缓蚀剂的合成与性能评价[D]. 大庆：东北石油大学，2014.

[37] 王翠. 氨基酸复合缓蚀剂对海水中黄铜的缓蚀性能研究[D]. 重庆：重庆大学，2016.

[38] 鞠玉琳，李焰. 气相缓蚀剂的研究进展[J]. 中国腐蚀与防护学报，

2014,34(1):27-36.

[39] 吕大梅.铝基超疏水表面的制备与腐蚀防护性研究[D].南昌:南昌航空大学,2015.

[40] 帅韬.铝基超疏水表面腐蚀防护性能若干影响因素探究[D].南昌:南昌航空大学,2018.

[41] 李天平.仿生超疏水表面的制备及其海水腐蚀防护性能研究[D].北京:中国科学院大学,2017.

[42] 钱鸿昌,李海扬,张达威,等.超疏水表面技术在腐蚀防护领域中的研究进展[J].表面技术,2015,44(3):15-24.

[43] 杨小奎,张涛,张世艳,等.环氧富锌涂层对 AZ91D 镁合金的腐蚀防护能力研究[J].装备环境工程,2014,11(1):18-23.

[44] Harleen Kaur,Jyoti Sharma,Divyansh Jindal,et al. Crosslinked polymer doped binary coatings for corrosion protection[J]. Progress in Organic Coatings,2018,125:32-39.

[45] Yang Mingliang,Wu Jianhua,Fang Daqing,et al. Corrosion protection of waterborne epoxy coatings containing mussel-inspired adhesive polymers based on polyaspartamide derivatives on carbon steel [J]. Journal of Materials Science & Technology,2018,5(9):201-205.

[46] E. Alibakhshi,M. Akbarian,M. Ramezanzadeh,et al. Evaluation of the corrosion protection performance of mild steel coated with hybrid sol-gel silane coating in 3.5 wt.% NaCl solution[J]. Progress in Organic Coatings,2018,123:190-200.

[47] Junjie Yang,Carsten Blawert,Sviatlana V Lamaka,et al. Corrosion protection properties of inhibitor containing hybrid PEO-epoxy coating on magnesium[J]. Progress in Organic Coatings,2018,13(6):1-29.

[48] 刘成伦,徐龙君,鲜学福.水溶液中盐的浓度与其电导率的关系研究[J].中国环境监测,1999,15(4):21-23.

[49] 曹楚南.腐蚀电化学原理[M].北京:化学工业出版社,2004.

[50] 杜艳芳,郑欣,郑亚楠,等.金属铜在不同环境下的腐蚀研究[J].材料保护,2016,49(1):81-83.

[51] 吴翊,李永乐,胡庆军.应用数理统计[M].长沙: 国防科技大学出版社,2012.

[52] 曹斌.铜在 NaCl 溶液中的电化学行为研究[D].南京:南京工业大学,2007.

[53] Derose J A,Suter T,Hack T,et al. Aluminium Alloy Corrosion of Aircraft Structures[M]. Great Britain: WIT Press,2013.

[54] Tadeja Kosec,Ingrid Milosev,Boris Pihlar,et al. Benzotriazole as an inhibitor of brass corrosion in chloride solution [J]. Applied Surface Science 2007,253:8863-8873.

[55] 严川伟,何毓番,林海潮,等.铜在含 SO_2 大气中的腐蚀初期规律和机理[J].中国有色金属学报,2000,10(5):645-648.

[56] Osher S, Sethian. Fronts propagating with curvature-dependent speed: Algorithms based on Hamilton-Jacobi formulations [J]. Comput. Phys,1988,79:12-49.

[57] Sun W,Liu G,Wang L,et al. An arbitrary Lagrangian-Eulerianmodel for studying the influences of corrosion product deposition on bimetallic corrosion,[J]. Solid State Electrochem,2013,17:829 – 840.

[58] 龚敏.金属腐蚀理论及腐蚀控制[M].北京:化学工业出版社,2017.

[59] 王泗环.南海环境下海军飞机典型电连接器腐蚀机理及防护研究[D].烟台:海军航空大学,2019.

[60] 郁大照,王泗环,王腾,等.铜在弱酸性缝隙溶液下的局部腐蚀仿真[J].兵器装备工程学报,2020,41(5):175-178.

[61] 郁大照,温德宏,王琳,等.飞机电气线路互联系统海洋环境适应性研究[J].装备环境工程,2019,16(4):46-50.

[62] 王泗环,郁大照,王腾.不同环境因素对 H62 铜合金极化曲线的影响分析[J].海军航空工程学院学报,2019,34(3):310-316.

[63] 王泗环,郁大照,王腾. H62 铜合金接触件镀层破损条件下的腐蚀仿真[J]. 装备环境工程,2019,16(12):7-13.

[64] 王琳,郁大照,王希彬. 飞机电连接器腐蚀外场检查与处理要求研究[J]. 装备环境工程,2020,17(11):114-118.

[65] 郁大照,张代国,王琳,等. 南海海洋环境下机载电子设备的腐蚀及外场防护对策[J]. 装备环境工程,2019,16(7):8-12.

[66] 王佳. 液膜形态在大气腐蚀中的作用[M]. 北京:化学工业出版社,2017.